全彩版

和秋叶一起学 秒懂PPT

秋叶 赵倚南◎编著

人民邮电出版社
北京

图书在版编目（CIP）数据

和秋叶一起学 ： 秒懂PPT ： 全彩版 / 秋叶，赵倚南编著. -- 北京 ： 人民邮电出版社，2021.10
ISBN 978-7-115-57116-8

Ⅰ. ①和… Ⅱ. ①秋… ②赵… Ⅲ. ①图形软件 Ⅳ. ①TP391

中国版本图书馆CIP数据核字(2021)第167478号

内 容 提 要

在职场中，你是否经常为做 PPT 而烦恼，如每次都要加班做 PPT？PPT 设计技巧太多，学完就忘？知道一些 PPT 设计技巧，但不知道如何运用？

如果你希望快速提高自己的 PPT 设计技能，并且能够灵活应用于演讲、汇报、竞聘、展览等各种场景，本书就是你的不二之选！

本书以 PPT 基础操作+实战运用组织内容，主要讲解在工作中几分钟就能掌握的实用 PPT 技术点，共 73 个，包括 PPT 高效操作、PPT 实用技巧、PPT 炫酷特效、PPT 创意设计四大板块。每个技巧介绍都配有图文详解与视频演示，让你所见即所得，随学随查，解决职场中的 PPT 应用痛点，提升工作效率与效果。

本书充分考虑初学者的知识水平，内容从易到难，能让初学者轻松理解各个知识点，快速掌握职场必备技能。本书大部分案例来源于真实职场，职场新人系统地阅读本书，可以节约在网络上搜索答案的时间，提高工作效率。

◆ 编　　著　秋　叶　赵倚南
责任编辑　李永涛
责任印制　王　郁　彭志环

◆ 人民邮电出版社出版发行　　北京市丰台区成寿寺路 11 号
邮编　100164　　电子邮件　315@ptpress.com.cn
网址　https://www.ptpress.com.cn
北京天宇星印刷厂印刷

◆ 开本：880×1230　1/32
印张：6.125　　2021 年 10 月第 1 版
字数：169 千字　　2025 年 7 月北京第 26 次印刷

定价：49.90 元

读者服务热线：(010)81055410　印装质量热线：(010)81055316
反盗版热线：(010)81055315

目 录
CONTENTS

第 2 章　PPT 实用技巧 / 049

2.1　PPT 的必备实用操作 / 050

2.2　PPT 的职场实战运用 / 063

第 3 章　PPT 炫酷特效 / 089

3.1　PPT 的炫酷文字特效 / 090

4.2　PPT 的创意页面设计　/ 163

和秋叶一起学

秒懂PPT

绪 论

这是一本适合“碎片化”学习的职场技能图书。

市面上大多数的职场类书籍，内容偏系统化、学术化，不太适合职场新人“碎片化”学习。对于急需提高职场技能的职场新人而言，并没有很多的“整块”时间去学习、思考、记笔记，更需要的是可以随用随查、快速解决问题的“字典型”办公技能书。

为了满足职场新人的办公需求，我们编写了本书，对职场人关心的痛点问题一一解答。希望能让读者无须投入过多的时间去思考、理解，翻开书就可以快速查阅，及时解决工作中遇到的问题，真正做到“秒懂”。

本书具有“开本小、内容新、效果好”的特点，紧紧围绕“让工作变得轻松高效”这一编写宗旨，根据职场新人 PPT 办公应用的“刚需”设计内容。本书在提供解决方案的同时做到了全面体现软件的主要功能和技巧，让读者在解决问题的过程中，不仅知其然，还知其所以然。

因此，本书在撰写时遵循以下两个原则。

（1）内容实用。为了保证内容的实用性，书中所列的技巧大多来源于真实的应用场景，汇集了职场新人最为关心的问题。同时，为了让本书更实用，我们还查阅了抖音、快手上的各种热点技巧，并择要收录。

（2）查阅方便。为了方便读者查阅，我们将收录的技巧分类整理，并以问答形式设计目录标题，既体现了知识点，又体现了其应用场景，使读者在看到标题的一瞬间就知道对应的知识点可以解决什么问题。

我们希望本书能够满足读者的“碎片化”学习需求，能够帮助读者及时解决工作中遇到的问题。

做一套图书就是打磨一套好的产品。希望秋叶系列图书能得到读者发自内心的喜爱及口碑推荐。

我们将精益求精，与读者一起进步。

最后，我们还为读者准备了一份惊喜！

使用微信扫描下方二维码，关注公众号并回复“秒懂 PPT”，可以免费领取我们为本书读者量身定制的超值大礼包：

73 个配套操作视频
44 套实战练习案例文件
30 套优质简历 PPT 模板
50 套商业策划 PPT 模板
100 套工作汇报 PPT 模板
100 套各种风格精美 PPT 模板

还等什么，赶快扫码领取吧！

和秋叶一起学

秒懂PPT

第 1 章

PPT 高效操作

天下武功唯快不破，所谓 PPT 高手并不仅在于他能做出炫酷的 PPT，更在于他能用较少的时间设计出高质量的 PPT，其中的关键就是他掌握了高效操作技巧。本章主要讲解能让读者快速跨入 PPT 高手门槛的高效操作。

扫码回复关键词“秒懂 PPT”，下载配套操作视频

1.1 PPT 的高效操作技巧

本节主要介绍 PPT 软件的下载、安装，不同格式办公文档之间的快速转换及 PPT 软件可批量化实现的操作。

01 去哪儿下载 Office 软件?

想要学习软件，如果没有软件可用，岂不是很尴尬，网络上的资源鱼龙混杂，不要下载带有病毒的资源，那么，哪里有安全的软件安装包可供下载呢?

1 在百度网中搜索并打开名为“MSDN，我告诉你”的网站。

MSDN, 我告诉你 - 做一个安静的工具站

联系我 企业解决方案 MSDN 技术资源库 工具和资源 应用程序 开发人员工具 操作系统 服务器 设计人员工具 有重复项时仅显示最新项 Go! 使用前请注意:本站仅为个人性质的原版软件信息收录站点。200...

2 单击左侧导航栏中的【应用程序】，在列表中找到【Office 2019】。

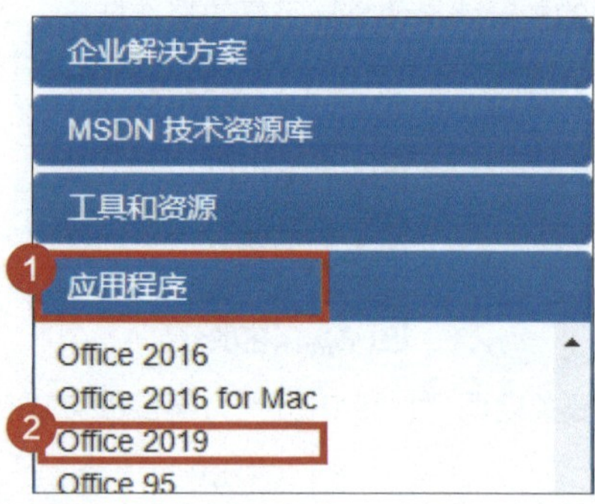

3 在右侧条目中选择【中文 – 简体】，单击右侧的【详细信息】即可看到安装包的详细说明。

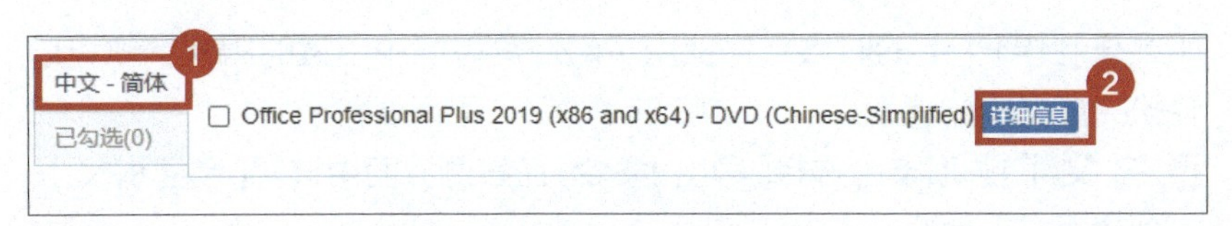

4 复制 ed2k 开头的链接，粘贴到迅雷等支持磁力下载的下载工具中下载软件。

5 使用 Windows 10 系统的用户双击打开下载的 ISO 镜像文件，即可打开压缩包。使用 Windows 7 系统的用户需要安装支持 ISO 格式的解压缩软件，如 Bandizip 等，才能打开。打开压缩包后，双击名为“setup.exe”的应用程序，按照提示进行软件的安装。

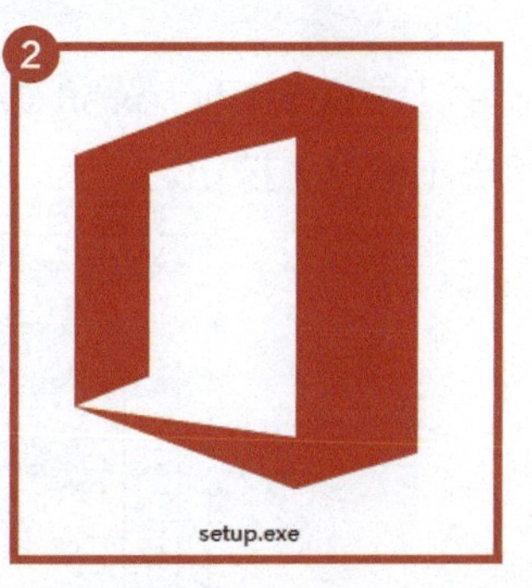

注意

本技巧仅教大家免费下载与安装正版软件，不包括软件激活。

02 如何将 PPT 文件转换成 Word 文件？

制作好一份 PPT 文件后，如果想要把里面的所有文字内容都提取到 Word 文档中，你会怎么办？难道是一页一页地复制、粘贴内容吗？

如果在制作 PPT 的时候严格使用了幻灯片母版中内置的版式，就可以轻松完成文本的提取。

1 在【文件】选项卡中选择【导出】命令，在右侧界面中选择【创建讲义】-【创建讲义】命令。

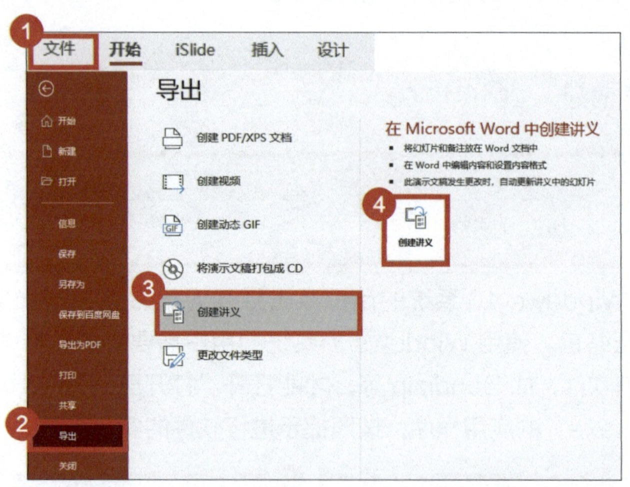

2 在弹出的【发送到 Microsoft Word】对话框中选择【只使用大纲】选项，单击【确定】按钮。

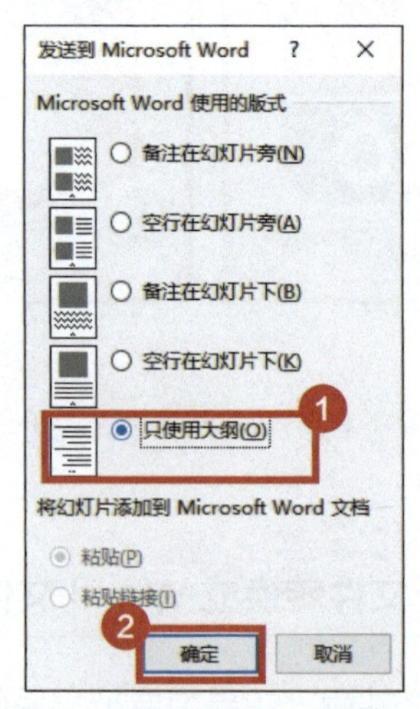

通过以上操作就可以将 PPT 中的文本提取出来了。

03 如何将 Word 文件转换成 PPT 文件?

通常，在正式开始做 PPT 之前都要准备好 Word 文字稿。但很多人不知道，把 Word 文件里面的文字迁移到 PPT 中其实根本不用复制、粘贴，也可以快速搞定。

想要实现 Word 文件快速转换为 PPT 文件，需要按照以下转换规律为文字段落应用对应的标题样式。

Word内容	PPT内容
标题、标题1样式	幻灯片的标题占位符
标题2-标题9样式	幻灯片的内容占位符
正文文本样式	不导入到幻灯片

标题 1 样式的标题 → 标题1样式的标题
标题 2 样式的标题 → 标题2样式的标题
样式 3 样式的内容 → 样式3样式的内容
正文文本样式的内容

转换前，我们需要将命令添加到快速访问工具栏中。

1 单击 Word【快速访问工具栏】最右侧的下拉按钮，在菜单中选择【其他命令】命令。

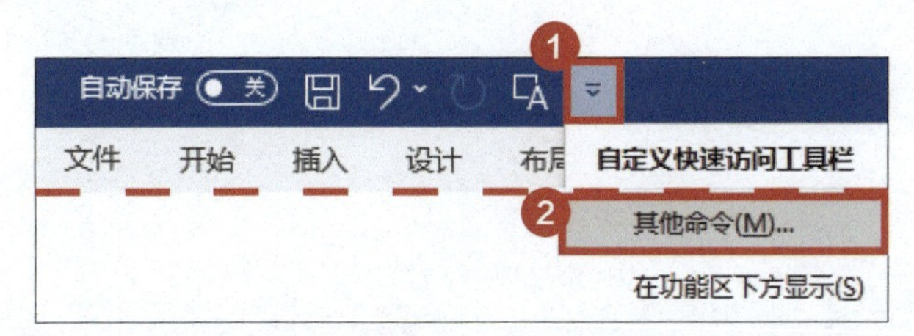

2 将【PowerPoint 选项】对话框右侧默认的【常用命令】更改为【不在功能区中的命令】，在下方命令列表中找到并选中【发送到 Microsoft PowerPoint】命令。

3 单击【添加】按钮，将命令添加到右侧的访问工具栏列表中，单击【确定】按钮完成命令添加。

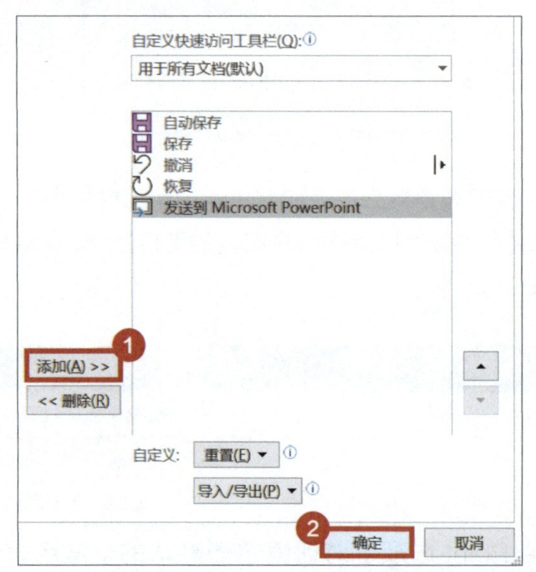

4 在 Word 中设置完各个段落的样式之后，选择【发送到 Microsoft PowerPoint】命令，此时计算机就会按照规律生成一份 PPT 文件。

04 如何将 PDF 文件转换成 PPT 文件？

很多情况下，为了防止自己的 PPT 文件在其他计算机上出现版式错乱，可以把 PPT 文件转换成 PDF 文件，但如果想修改内容，就要把 PDF 文件转换成可编辑的 PPT 文件，此时该怎么办呢？

在百度网中搜索名为“ilovepdf”的网站并打开。

1 单击网站主页中的【PDF 转换至 PowerPoint】按钮。

2 在打开的页面中单击【选择一个 PDF 文件】按钮。

3 在弹出的【打开】对话框中选择需要转换的 PDF 文件，单击【打开】按钮。

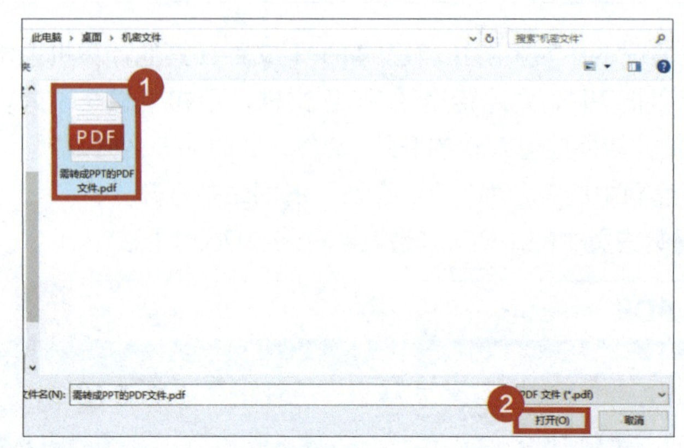

4 在打开的页面中单击【转换至 PPTX】按钮。

5 待文件转换完毕，单击【下载 PowerPoint 文件】按钮即可得到转换后的 PPT 文件。

注意

此方法适合直接由 PPT 文件转换而来的 PDF 文件的转换，若 PDF 文件由纯图片制成，则转换后得到的 PPT 文件依然无法编辑。

05 PPT 中如何一次性批量插入多张图片?

要将公司团建的照片做成一个 PPT，且每张照片都要做成单独一页 PPT。有好几百张照片呢，难道只能不断新建一张幻灯片，再复制、粘贴吗？有没有批量操作的方式呢？

1 首先新建一个空白 PPT，在【插入】选项卡的功能区中单击【相册】图标，在弹出的菜单中选择【新建相册】命令。

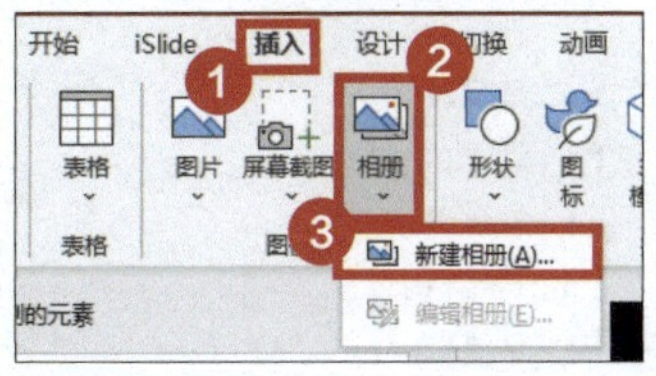

2 在弹出的【相册】对话框中，在【插入图片来自】处单击【文件/磁盘（F）...】按钮。

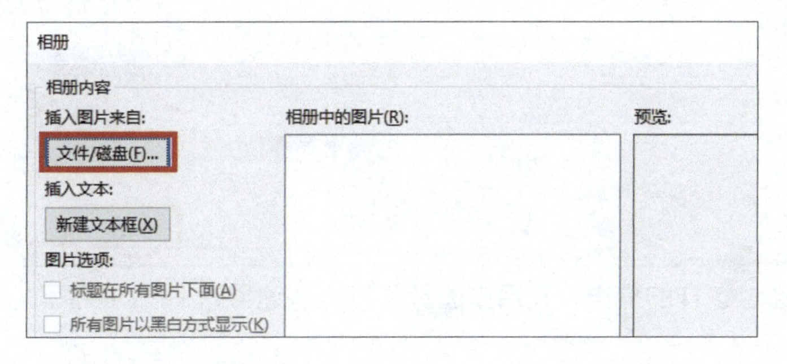

3 在【插入新图片】对话框中选择需要的文件夹，按快捷组合键【Ctrl+A】全选图片，单击【插入】按钮。

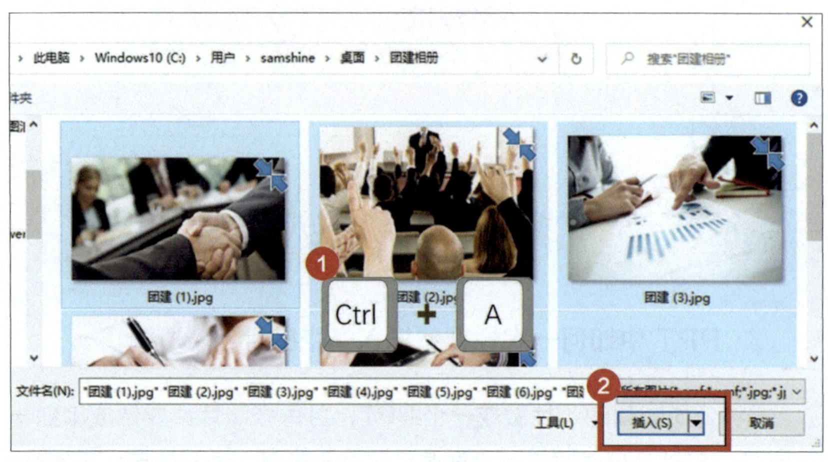

4 在弹出的【相册】对话框中单击【创建】按钮。

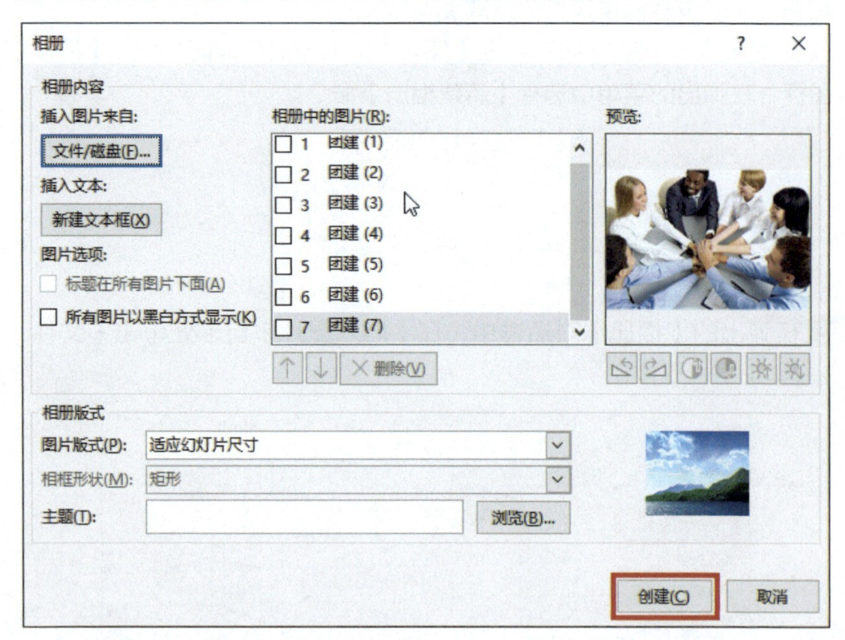

通过这样的操作，几百张图片都可以快速导入 PPT 中了。

06 如何快速提取出 PPT 文件中的所有图片？

看到一份 PPT 文件，非常喜欢其中的图片素材，想要将它们都保存下来，除了一页一页地另存为文件外，有没有什么方法可以快速提取 PPT 文件中的所有图片呢？

1 右键单击需要提取图片的 PPT 文件，在弹出的菜单中选择【重命名】命令。

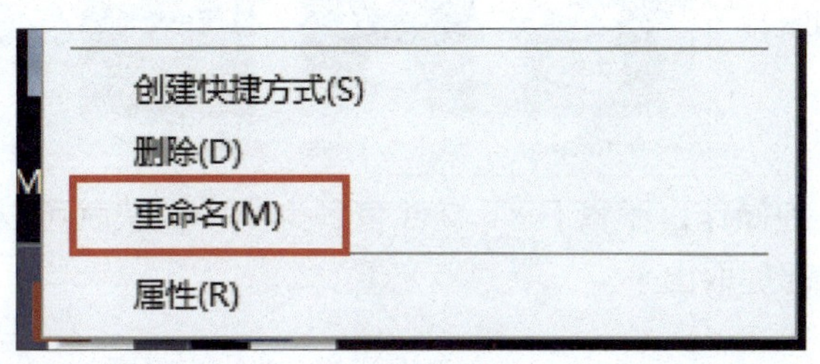

2 将文件后缀名由“.pptx”改为“.rar”。

3 右键单击文件，解压该文件，依次打开“ppt”–“media”文件夹。

PPT 文件中所有的图片都保存在这个文件夹中。

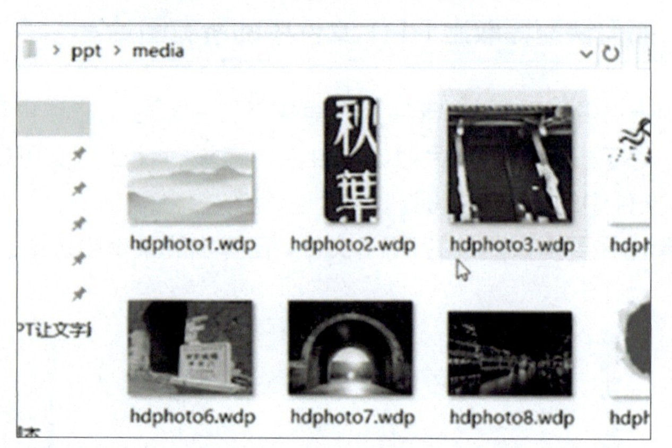

用上面的操作，不管 PPT 文件有多少页，很快就可以将 PPT 文件中的图片都提取出来。

07 PPT 如何快速更改主题颜色?

网络上有很多优秀的 PPT 模板供我们使用，可以大大节约我们制作 PPT 的时间，也可以给我们提供设计灵感。但很多时候，模板的主题颜色和我们的主题并不相符。那有没有什么方法可以快速更改主题颜色呢?

1 在【设计】选项卡的功能区中单击【变体】组右下角的下拉按钮。

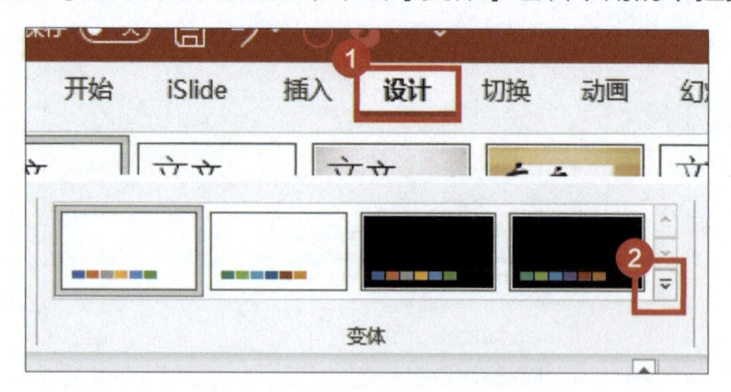

2 在弹出的菜单中选择【颜色】命令，在右侧弹出的面板中选择一种颜色搭配。

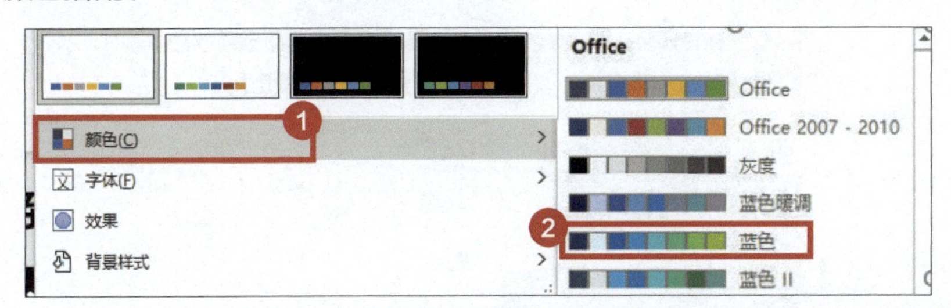

通过以上操作，即可将 PPT 模板的主题颜色快速换成我们需要的颜色。

08 PPT 中的字体不统一，如何快速统一？

实际工作中，我们会经常修改其他人制作的 PPT，最令人头痛的操作之一就是统一字体了！比如把 PPT 中的“微软雅黑”“等线”等字体统一修改为“宋体”。有没有比较快捷的方法呢？

1 在左侧预览窗格中，按快捷组合键【Ctrl+A】选中所有幻灯片。

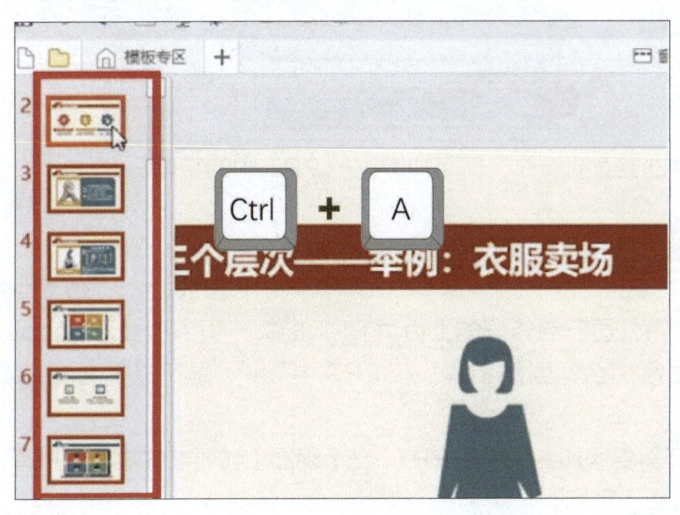

2 在【开始】选项卡功能区的【编辑】组中选择【替换】-【替换字体】命令。

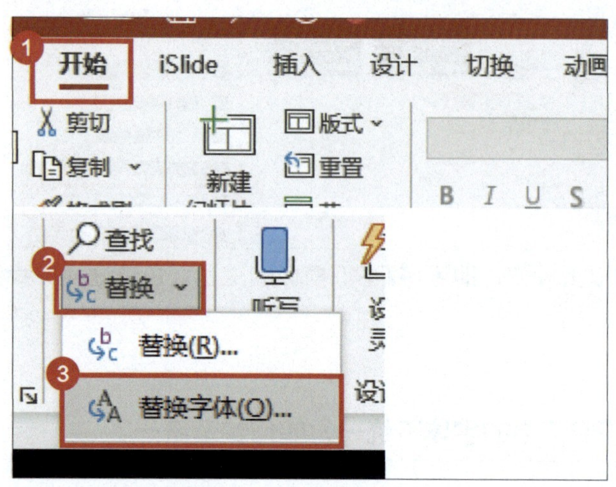

3 在【替换字体】对话框中，分别设置好【替换】的字体和【替换为】的字体，单击【替换】按钮。

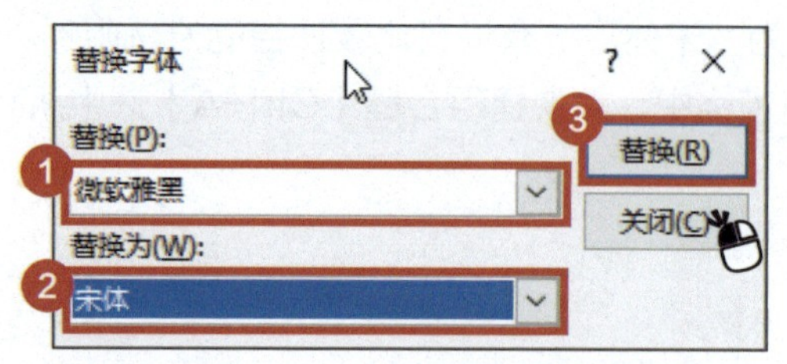

通过上面的操作，即可快速统一 PPT 中的字体。

09 如何给每页 PPT 批量添加 Logo？

要为公司已制作好的上百页 PPT 的每一页添加公司 Logo 时，只能手动添加么？当然不是！在 PPT 中 Logo 是可以批量添加或删除的！

1 打开需要添加 Logo 的 PPT，在【视图】选项卡的功能区中单击【幻灯片母版】图标。

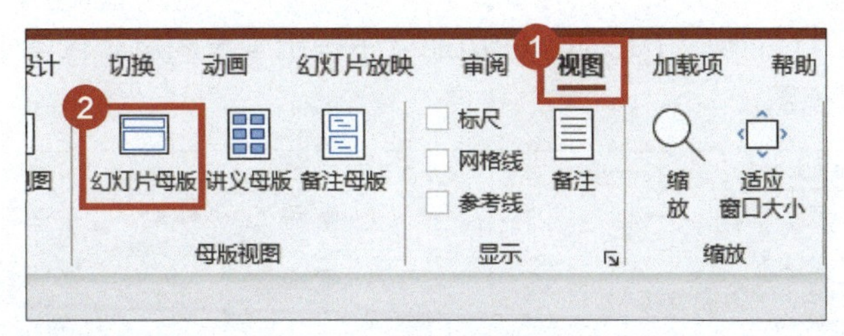

2 将需要添加到 PPT 中的 Logo 粘贴到母版的首页中。

3 按需求调整 Logo 的位置与大小。

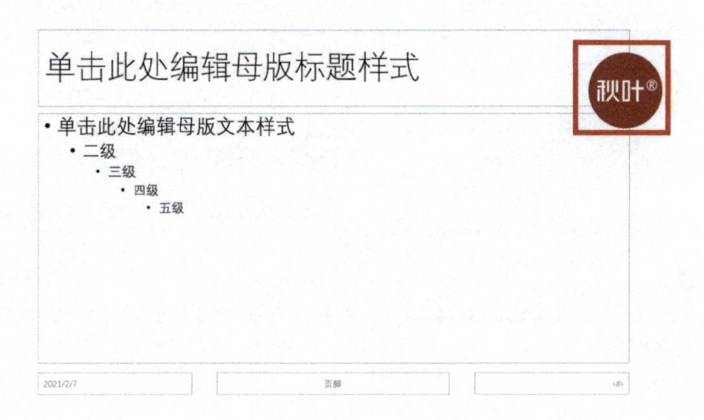

4 在【幻灯片母版】选项卡的功能区中单击【关闭母版视图】图标以退出母版视图。

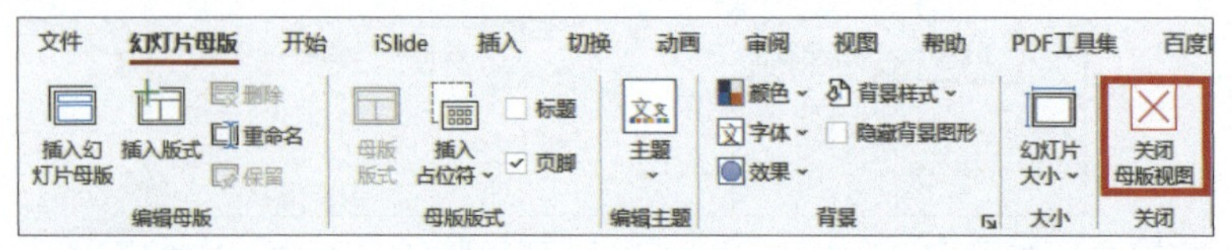

通过以上操作，不管你的 PPT 有多少页，都可以快速添加、删除、修改 Logo。

10 PPT 中如何快速复制格式?

在制作 PPT 时，经常需要对多文字或多图片进行格式修改，虽然可以用【F4】键重复上一步操作！但是【F4】键只能重复上一步操作，很多时候并不能满足我们复制某个设置格式操作的需求，那有没有其他更好的方法呢?

有两种方法可以快速复制格式。

方法1

首先选中需要复制格式的文本或图片，在【开始】选项卡的功能区中单击【格式刷】图标，再单击需要粘贴格式的文本或图片。

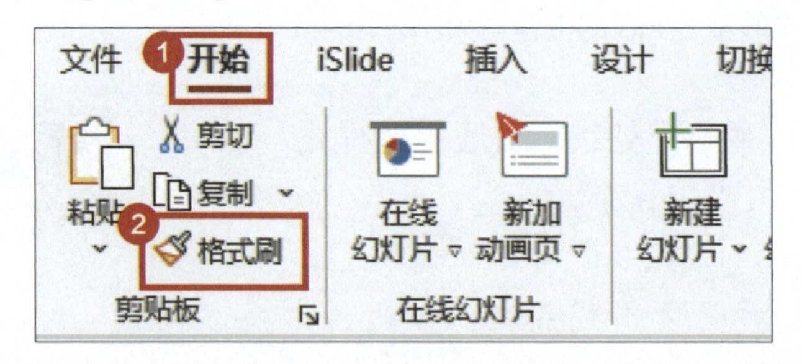

注意

单击一次是粘贴一次格式，单击两次是粘贴多次，按【Esc】键可退出格式刷模式。

首先选中需要复制格式的文本或图片，按快捷组合键【Ctrl+Shift+C】复制格式，选中需要粘贴格式的文本或图片，按快捷组合键【Ctrl+Shift+V】就可以了。

通过以上两种方法，即可快速复制格式。

11 如何用 SmartArt 快速对文字进行排版?

多段文字排版一直是制作PPT的难点,有没有快速排版的技巧呢?

多段文字排版，用【SmartArt】功能就可以轻松搞定!

1 将光标置于文本的段落前，按【Tab】键即可调整“层级”，将所有段落依次设置一遍，这样就设置好了二级文本。

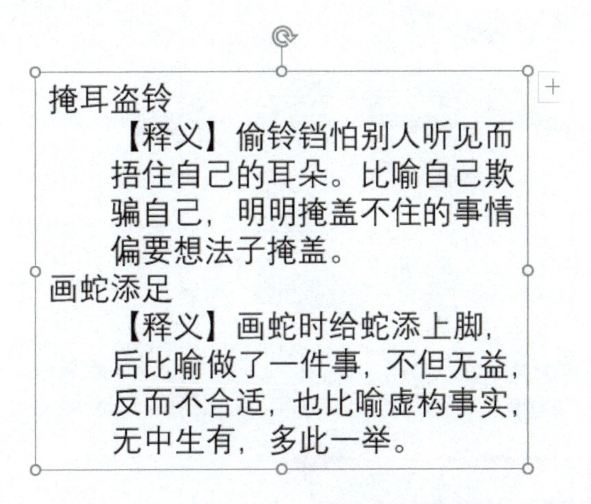

2 选中文本框，在【开始】选项卡功能区的【段落】组中单击【转换为 SmartArt】图标，在弹出的菜单中选择【其他 SmartArt 图形】命令。

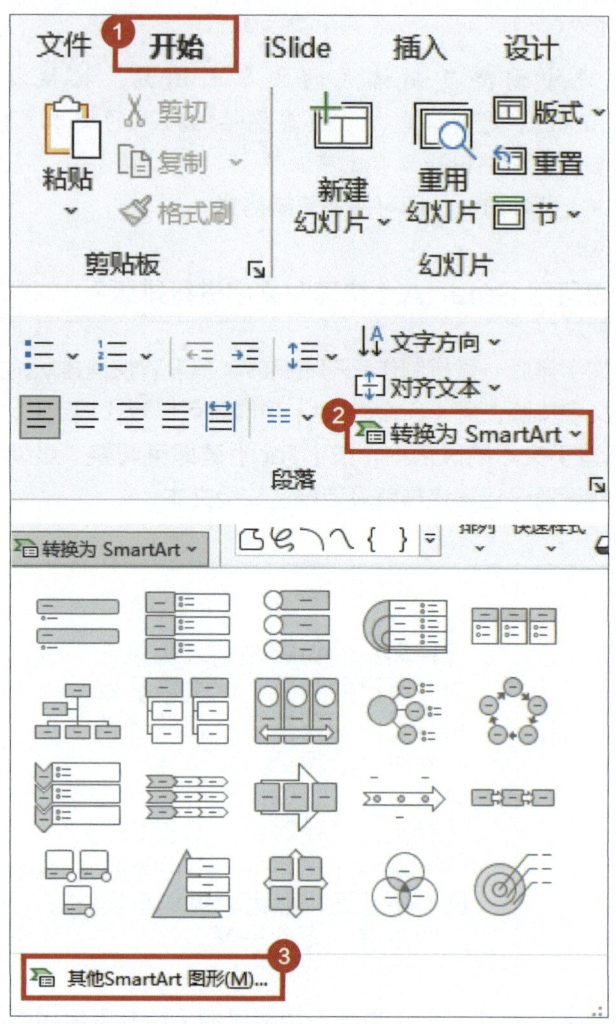

3 在弹出的【选择 SmartArt 图形】对话框中，选择【列表】-【垂直框列表】，单击【确定】按钮。

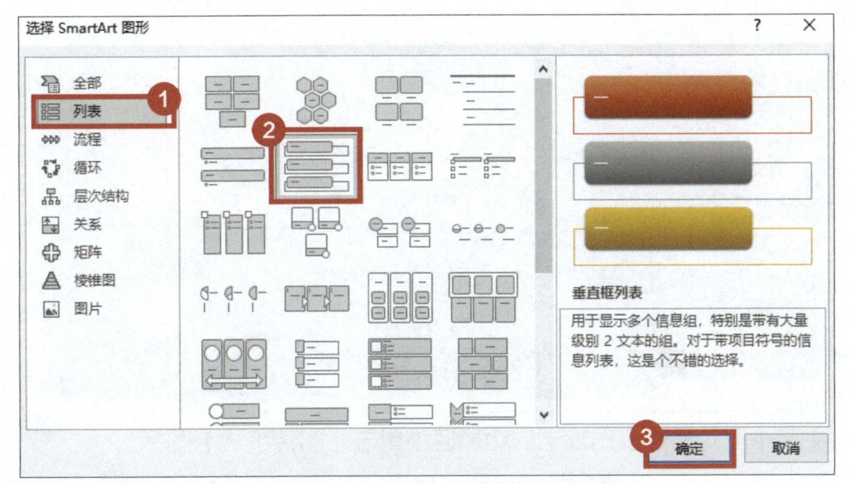

4 右键单击文本框，还可以选择填充颜色和边框样式。

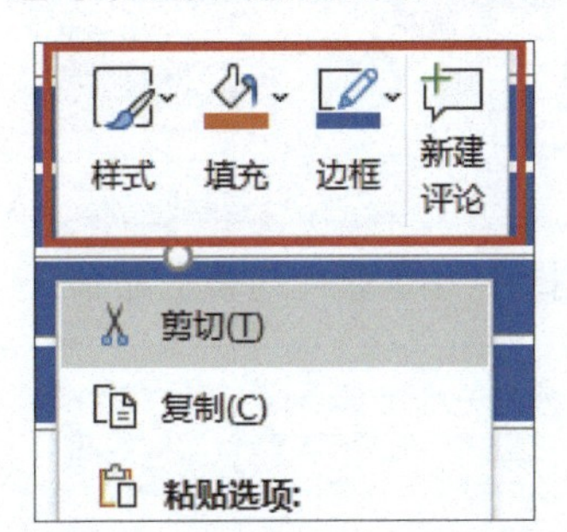

通过以上操作即可快速对多段文字进行排版。

12 如何用图片版式快速美化封面?

在演讲汇报开始时，观众第一眼看到的就是屏幕上展示的 PPT 封面，所以一个好的封面十分重要。那么如何才能快速做出富有设计感的封面呢?

这里以海洋馆的宣传 PPT 封面制作为例。

1 选中封面页中的所有图片。

2 在【图片格式】选项卡的功能区中单击【图片版式】图标。

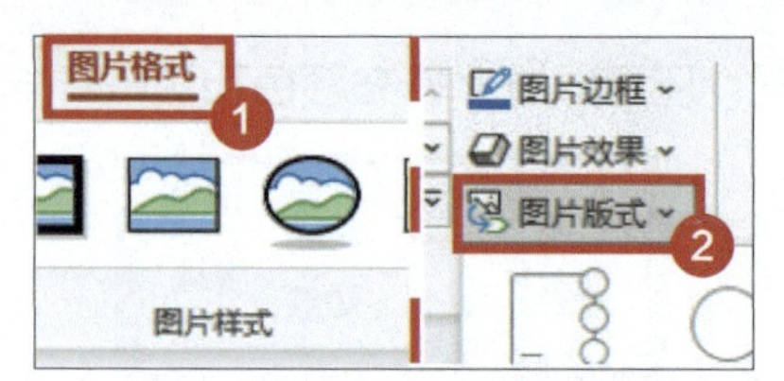

3 在弹出的菜单中选择【气泡图片列表】命令。

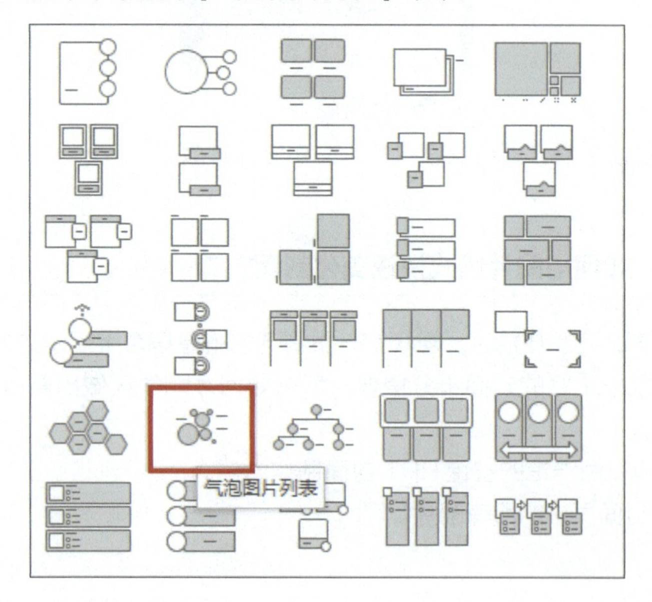

4 将生成的 SmartArt 图形整体选中，在【SmarArt 设计】选项卡的功能区中选择【转换】-【转换为形状】命令，将图示转换为形状。

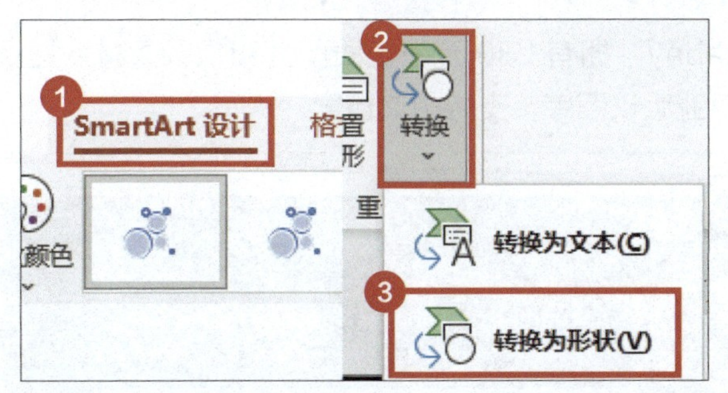

5 调整图片位置，封面美化就完成了。

1.2 PPT 的高效素材资源

本节主要介绍素材的获取与应用，包括图片、图标、字体和实用的工具网站。了解并掌握这些内容可以让我们制作 PPT 的效率大大提高。

01 高清图片去哪里找？

辛辛苦苦做出来的 PPT，因图片模糊、图标难看，PPT 质量大打折扣。PPT 到底去哪里才能找到好看又免费的素材呢？推荐下面这几个网站（在百度网中搜索网站名称即可）。

1. Pixabay

“Pixabay”拥有230万张优质图片和视频素材，是目前全球最大的免费商业版权图库，支持中文检索。

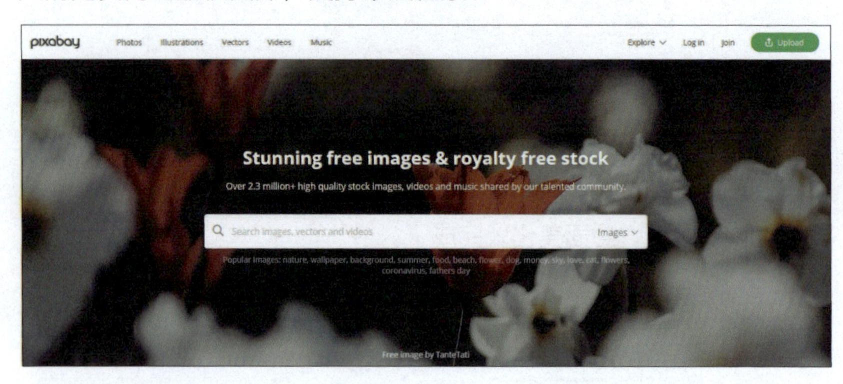

2. Pexels

与“Pixabay”类似，允许用户自行上传作品，是图片质量非常高的免费商业版权图库，支持英文检索。

3. Gratisography

“Gratisography”是一位国外摄影师的个人网站，他的照片具有很强的代入感，可以直接用作设计素材，网站里的照片也都是可免费商用的。

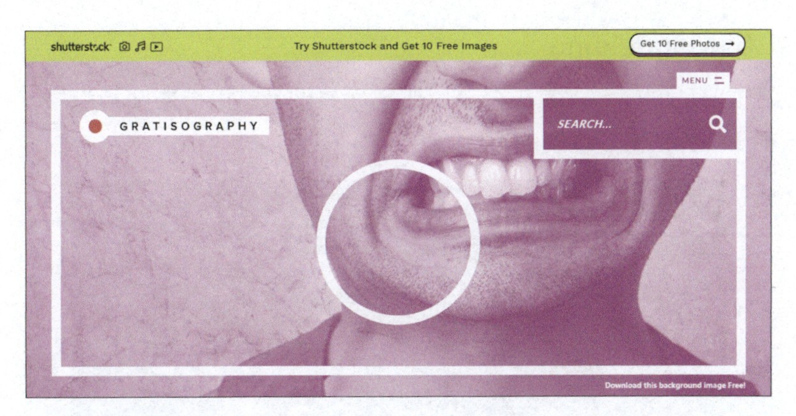

4. Unsplash

“Unsplash”最大的特色就是免费，而且收录的图片都极具设计感。

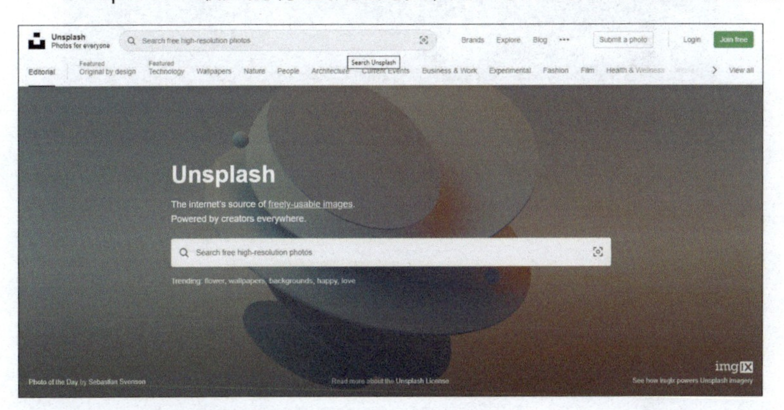

5. Freeimages

“Freeimages”是一个免费商业图片素材网，目前拥有超过 40 万张的图片资源，有中文分站和中文界面，支持中文搜索。

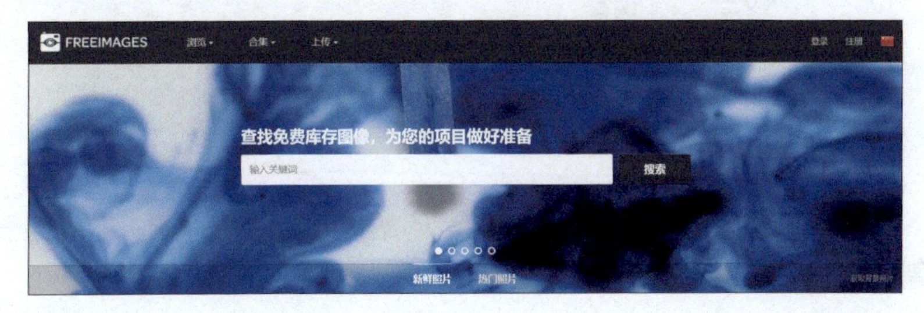

6. Magdeleine

该网站的口号：每天分享一张高质量图片。以摄影图片为主，包含不少户外摄影的优质图片。

7. Picjumbo

“Picjumbo”是一个国外免费图库，图库有 1500 多个分类，使用者可在网站里通过搜索或分类浏览方式找到各种图片。

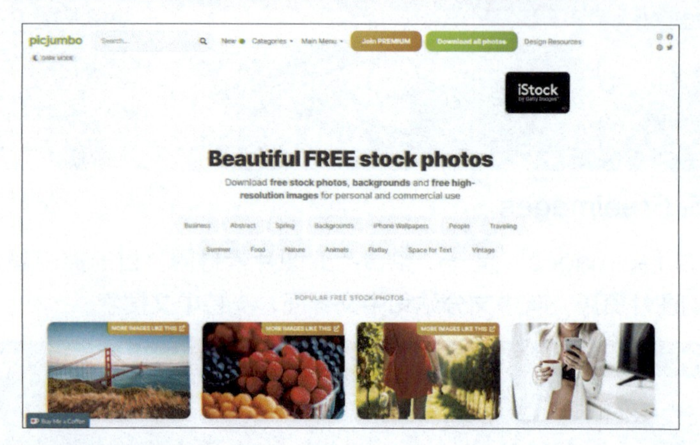

8. Pxhere

“Pxhere”是一家免费素材下载网站，目前提供了超过 100 万张高质量的摄影作品，可免费用于个人和商业用途，支持中文搜索。

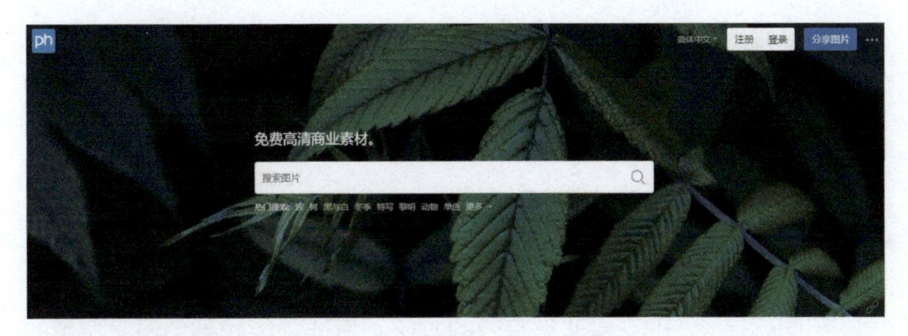

9. 西田图像

国内的一家免版权图片网站，有超过 20 万张图片，它给不同用途的图片进行了分类，在该网站能为一些常用的主题找到不错的配图。

10. Hippopx

“Hippopx”是一个免版权图库网站，收录超过 20 万张的免费授权图片。

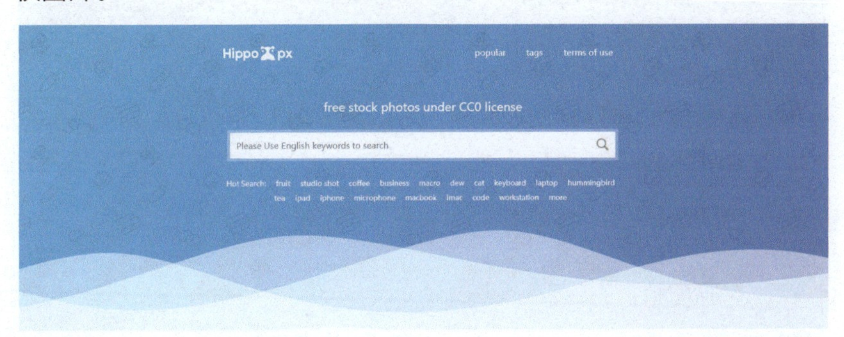

很多好的素材网站都是英文的，而自己的英文不太好，该怎么办？可以利用翻译软件将要搜索素材的关键词翻译成英文后，再在这些网站中查找，就可以找到丰富的素材。

02 免费图标素材去哪里找？

用图标美化 PPT 是非常有效的方法，怎样才能找到免费又海量的图标素材呢？不妨看看下面这几个网站（在百度网中搜索网站名称即可）。

1. Roundicons

“Roundicons”拥有非常多的高质量图标，有部分收费的图标，也有很多免费的图标。

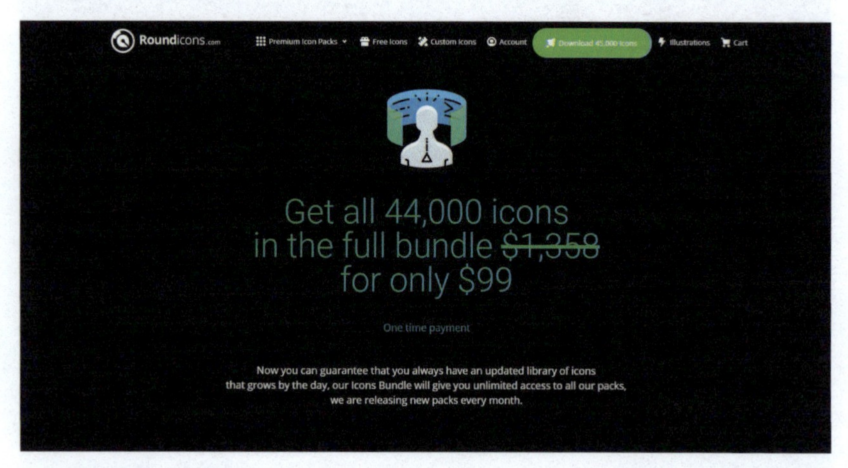

2. unDraw

“unDraw”是一个提供完全免费的 SVG 图片素材的站点。

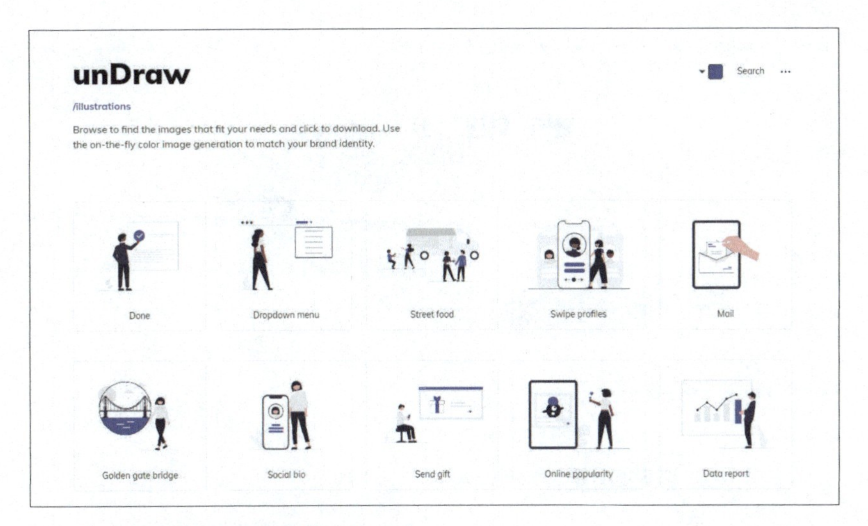

3. emoji.streamlineicons

这是一个表情图片下载网站，我们想要的表情在这里基本都能找到。

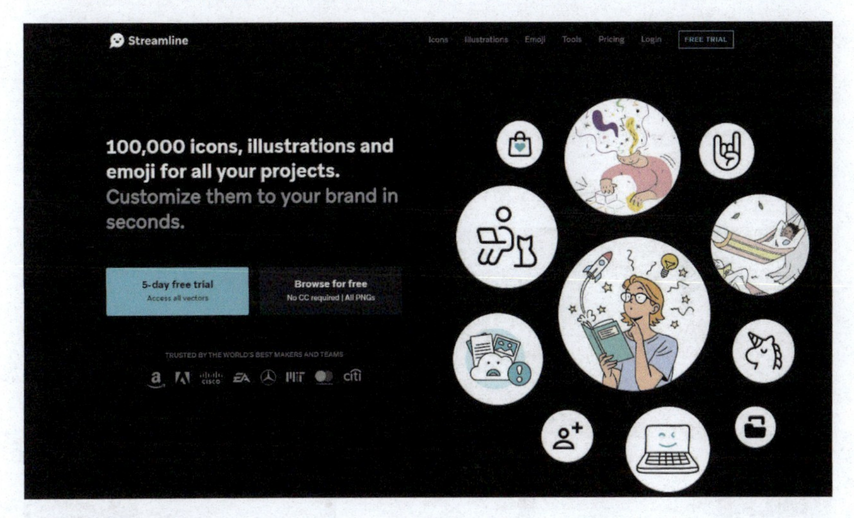

4. icons8

“icons8”是一个以提供免费的平面设计图案为主的网站，还提供了各种格式和配色的选择。

5. Iconfont

这是国内功能很强大且图标内容很丰富的矢量图标库。

6. 60Logo

这个网站有 10 余万个品牌的高清矢量 Logo 图，都可免费下载。

7. Pictogram2

“Pictogram2”是日本的一个矢量图标网站，其图标素材非常丰富、形象。

8. IconArchive

“IconArchive”是一个有 70 余万张图标的网站，既有免费的也有收费的图标素材。

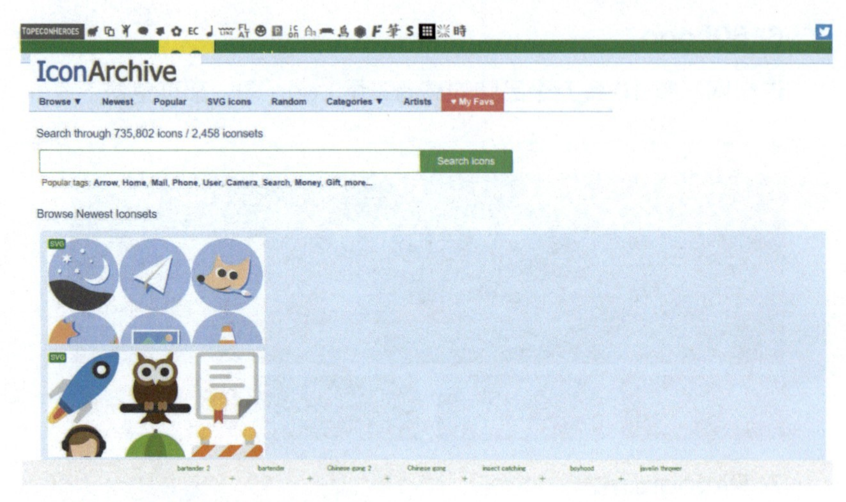

9. WorldVectorLogo

“WorldVectorLogo”拥有全球最大的 SVG 徽标矢量图合集。

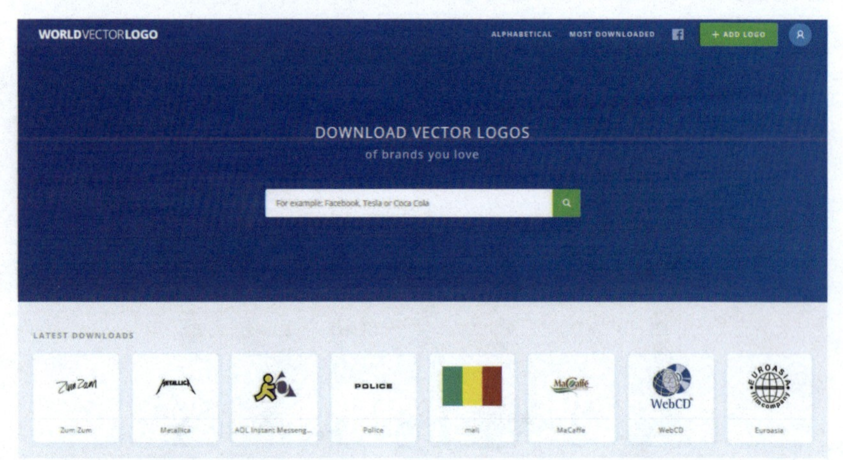

10. iSlide 插图库

可根据需求，随时修改替换插图素材，但需要安装“iSlide”插件。

11. pimpmydrawing

该网站提供免费的白描线稿风格人物矢量图下载。

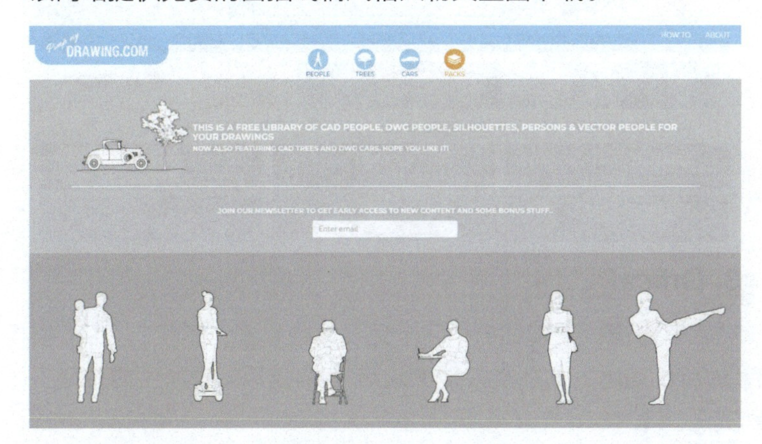

03 有哪些 PPT 必备的“宝藏”网站?

制作幻灯片最发愁的就是没有素材和模板可供参考，这时可以看看下面这几个网站（在百度网中搜索网站名称即可）。

1. iSlide365

“iSlide”的 PPT 模板商城拥有超多高质量模板，更新快、数量多、质量高。

2. 51PPT 模板

拥有大量的免费 PPT 模板，有很多高质量的模板，而且可以看到不少优秀的老作品的源文件，以及圈内达人的部分作品与教程。

3. OfficePLUS

微软官方模板下载站点，完全免费，数量多，不仅有 PPT 模板，还有 Word 简历、文档及各种 Excel 表格模板，对学生或教育工作者特别实用。

4. SVG Backgrounds

该网站有丰富的纹理素材，可用来快速生成高清矢量背景，还可以调整参数。

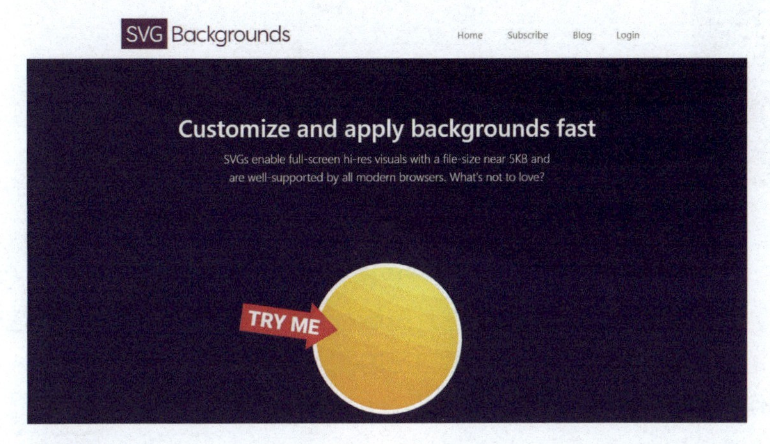

5. Mixkit

一个免费视频素材网站，提供大量的高画质影片，类型包含商业、科技、城市、音乐、生活、动画、抽象、大自然、户外和交通工具等，商业或非商业用途皆可自由使用。

6. 设计导航

从免费无版权限制可商用的高品质素材，到设计教程、尺寸规范、配色方案、设计素材和灵感等，资源非常丰富。

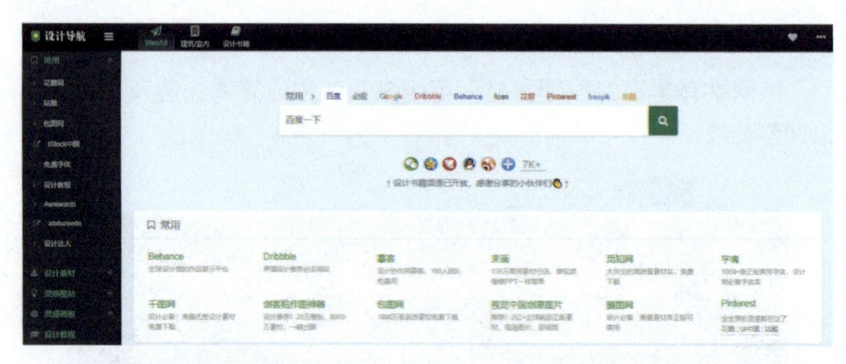

7. Smart Mockups

“Smart Mockups”是一个免费在线样机制作网站，样机样式丰富，可以把任何图片或在线图片无缝融合到特定的图片里。可以在网页的上方看到模型分类，根据自己的需求选择一个模型点开进行快速制作，功能简单又实用。

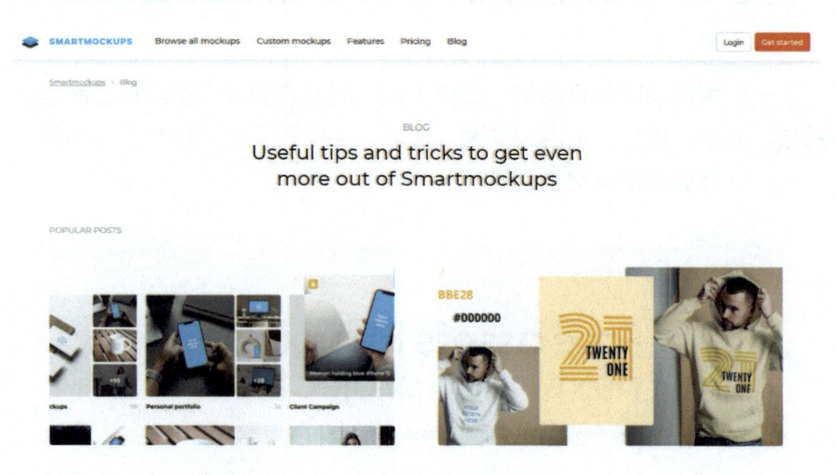

8. Colorsupply

这个网站收集了众多设计师的色彩搭配方案，按照五大配色方案来分类，非常适合作为扁平化配色方案的配色参考。

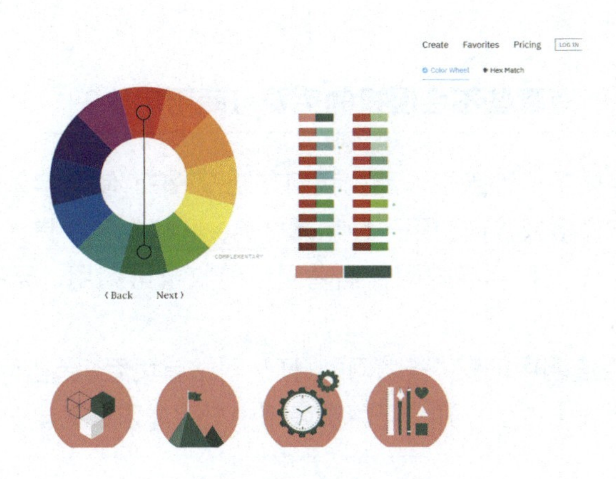

9. 猫啃网

猫啃网致力于为广大设计师提供免费的、可商用、无版权问题的免费字体。

10. Graphicriver

国外最大的 PPT 模板网站，网站中的模板都是定制级的，可以模仿练习、参考借鉴。

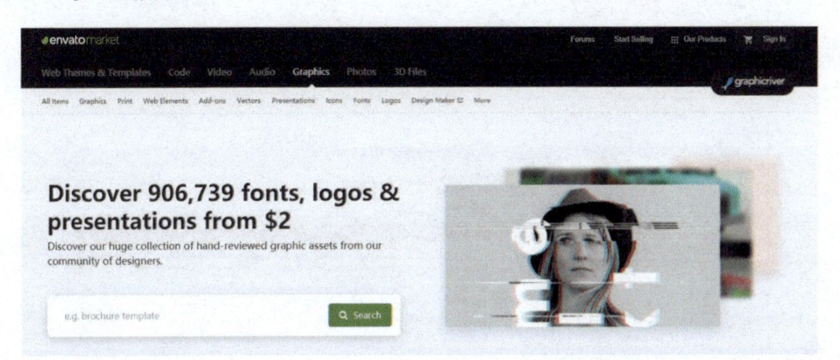

04 有哪些不会侵权的免费可商用字体？

字体是一种版权作品，我们在制作 PPT 使用字体时，一定要注意避免字体侵权。在使用一种字体之前，必须先了解其是否为免费字体。搜索字体推荐用猫啃网，猫啃网目前收录可商用、无版权问题的免费字体 312 款。

1 在百度网中搜索“猫啃网”，打开网站首页后，单击网页右上角的【字体大全表】就会打开【可免费商用中文字体下载大全一览表】页面。

2 在【可免费商用中文字体下载大全一览表】页面下方可以选择打包下载字体。

3 或者在列表中选择需要下载的字体。

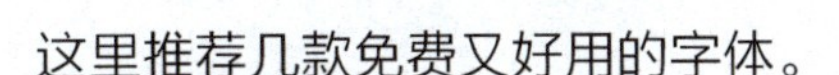

这里推荐几款免费又好用的字体。

1. 阿里巴巴普惠体

阿里巴巴于 2019 年 4 月 27 日在 UCAN 2019 设计大会上，发布了一款字体——“阿里巴巴普惠体”，希望让整个生态的设计师、合作伙伴因为平台的赋能，真正得到实惠。

免费商用

阿里巴巴普惠体

2. 庞门正道粗书体

庞门正道粗书体发布于 2018 年 12 月 6 日，车港敏同学用自己大半年的业余时间，完成了一套字库的书写、修改调整等工作。这款字体比预想的更加受欢迎，热播剧《庆余年》海报使用的也是庞门正道粗书体。

免费商用

庞门正道粗书体

3. 包图小白体

包图小白体是一款简单可爱的创意字体。粗短的笔画，像“柯基”的小短腿，能给人带来更轻松的感觉。整体形态采用了镂空的设计，增强了字体的立体感，适合用于品牌标志、海报、包装、影视综艺、游戏、漫画等场景。

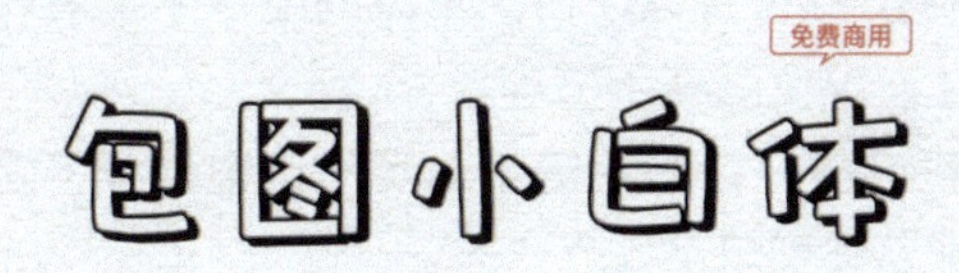

4. 江西拙楷体

这是一套手写楷体，相比计算机中标准化制作的楷体，这套字体的笔画带有一些书写的痕迹，每个字的笔画是没有统一标准的，所以看上去显得不够规范，但是会有一种自然的手写感。

免费商用

江西拙楷体

5. 优设好身体

优设好身体是一款亲和力、时尚感极强的专业美术标题字体。它以圆体字型为基础，通过瘦高的字面、偏向几何的曲线，让整款字体富有亲和力与时尚感。在同样的面积里，更窄的字面就意味着能容纳更多的信息，所以这款字体非常适合用于需要体现亲和力与时尚感的各类品牌宣传广告和产品包装设计的标题上。

免费商用

优设好身体

05 有哪些大气的毛笔字体?

毛笔字体能提高 PPT 作品的艺术感，多用于中国风 PPT 制作，有时也被用于科技发布会等场合。常见的毛笔字体有叶根友系列、禹卫书法行书简体、汉仪尚巍手书等。

在哪里下载这些好看的毛笔字体呢？这里推荐下面几个网站（在百度网搜索网站名称即可）。

1. 字体下载网

一个很棒的字体下载网站，收录了超多字体，可免费下载。

2. 字客网

字客网是知名的字体下载与分享网站，包含各种字体，提供找字体、字体识别、字体下载、在线字体预览等功能。

3. 求字体网

求字体网提供上传图片找字体、字体实时预览、字体下载、字体版权检测、字体补齐等服务，可识别多种语言和字体。我们只需把文字截图上传到网站上识别匹配，就能快速找到相同及相似的字体，有些字体可以识别后直接下载。

4. 大图网

大图网提供精品设计图片素材下载，内容包括高清图片素材、PSD 素材、淘宝素材、影楼模板素材、矢量素材、免抠素材和中英文字体。

5. 模板王字库

模板王字库为设计师提供免费的字体下载，也提供各种中文字体字库的下载。

这里也推荐几款常用且好看的毛笔字体。

（1）汉仪尚巍手书

汉仪尚巍手书是一款应用于艺术设计的简体中文字体，该字体笔画粗壮，尾部的甩尾有力且有丰富的笔触细节，大字效果突出且引人注目，并且最大程度还原了作者书写字形，细节表现完整，且字库完整，适用于名片设计、新闻媒体、宣传海报、PPT、影视制作及内容用字等。

（2）迷你简雪君

迷你简雪君字体打印的效果十分不错，经常能在广告和海报设计中见到这款字体，虽然是一款草书风格的字体，但设计上尽量保持字体原形，融简、繁写法于一体，可用于文章标题、广告制作、装饰、装帧、PPT 等。

（3）方正吕建德字体

方正吕建德字体由书法家吕建德先生创作。这款字体在继承王羲之、王献之书法的基础上，将楷体、行书两种字体相结合，用笔秀逸流畅，单字刚健挺拔。其风格舒展洒脱，适用于文化类的宣传设计，以及商业类品牌的广告和产品包装设计。

（4）禹卫书法行书简体

禹卫书法行书简体是一款风格独特的毛笔行书字体，字体轮廓飘逸，隽秀美观，可用于平面设计、名片设计、广告创意等。

（5）日文毛笔字体

日文毛笔字体是一款应用于书法设计方面的中文简体汉字字体，该字体大小适中，结构清晰，适用于报纸周刊、平面设计、广告设计、印刷包装等。

6. 汉仪雪君体简体

汉仪雪君体简体是一款非常清秀的字体，字体结构端正，笔画美观，非常适合报纸、杂志等印刷品使用。

06 图片太模糊，如何下载高清大图？

有时候在网上，右键单击图片却无法复制，但是截图又不够清晰，这时候该怎么办呢？按【F12】键就能解决。

1 打开包含无法直接下载图片的网页，按【F12】键，就可以打开包含一些代码的开发调试工具窗格。

2 单击开发调试工具窗格左上角带斜向箭头的图标。

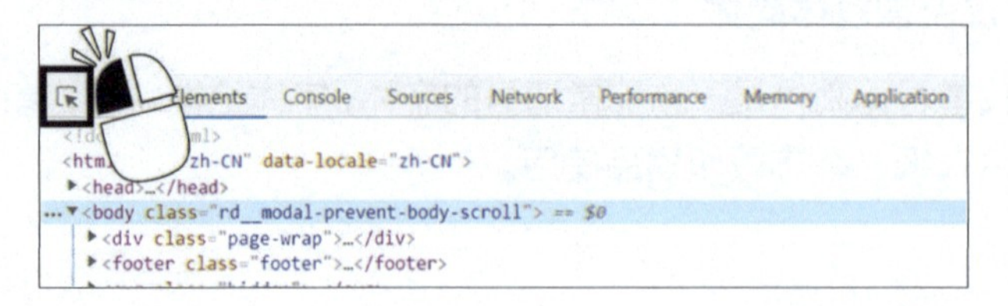

3 单击图片区域，可以在开发调试工具窗格中看到一段图片对应的突出显示的代码。

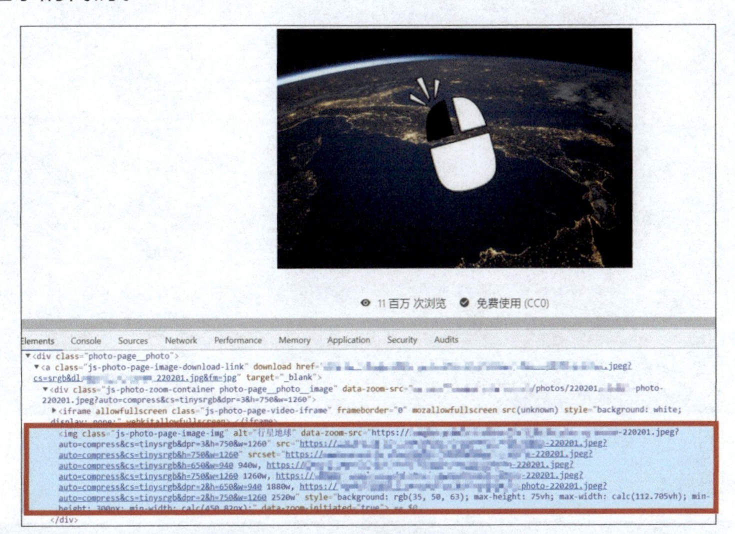

4 找到下方被定位到的代码，将鼠标指针放在有“http://”的那一行并单击鼠标右键，在弹出的菜单中选择【Open in new tab】命令。

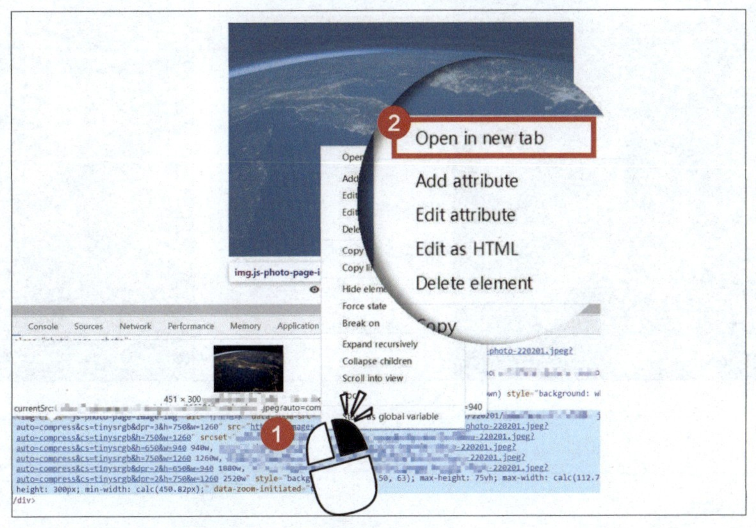

5 此时就在新的页面中打开了该图片。

6 鼠标右键单击图片，在快捷菜单中选择“图片另存为”命令即可下载该图片。

和秋叶一起学

秒懂PPT

第 2 章

PPT 实用技巧

学习了很多 PPT 技巧，却不知道如何将它们应用到工作和生活中？掌握了本章介绍的实用 PPT 技巧，在职场中就能灵活使用 PPT 应对各种小问题，甚至可以实现 Photoshop、Illustrator、After Effects 等专业设计软件做出的效果，成为同事眼中的 PPT 高手。

扫码回复关键词“秒懂 PPT”，下载配套操作视频

2.1 PPT 的必备实用操作

本节主要介绍日常工作和生活中的 PPT 实用技巧，掌握本节内容，即可轻松解决日常遇到的 PPT 问题。

01 PPT 文件打印时如何节约纸张？

一个 PPT 文件少则十几页，多则上百页，如果直接打印很浪费纸张，不如试试缩放打印，以便节约纸张，操作步骤如下。

1 在【文件】选项卡中选择【打印】命令，在右侧界面的【设置】中依次设置参数：“9 张垂直放置的幻灯片”，“双面打印（从长边翻转页面）”，“纯黑白”，最后单击【打印】按钮。

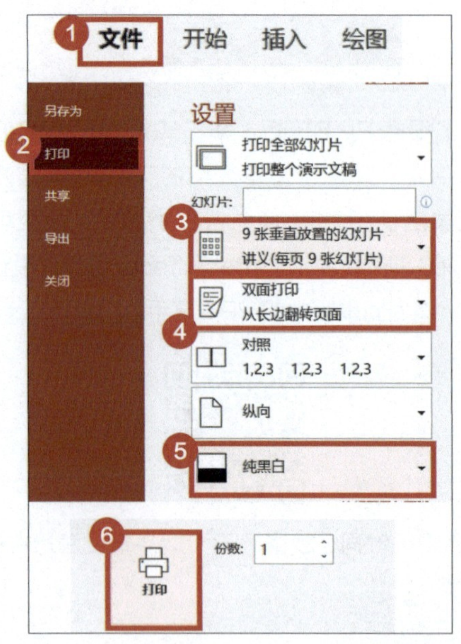

如果还想打印出来的幻灯片间距变小，那就要将 PPT 文件转换成 PDF 文件。

2 打开 PPT 文件，在【文件】选项卡中选择【另存为】命令，【保存类型】选择“PDF（*.pdf）”格式，单击【保存】按钮。

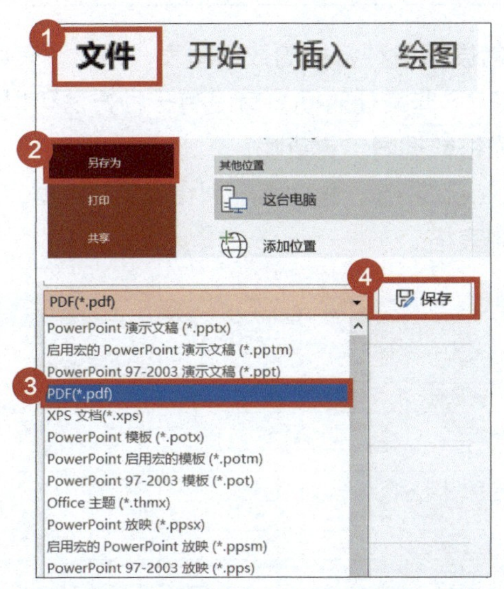

3 打开 PDF 文件，单击【打印】按钮，选择【更多设置】命令，在弹出的面板中设置【双面打印】为【双面打印（翻转长边）】，【每张纸打印的页数】为【9 Page per Sheet】，最后单击【确定】按钮。

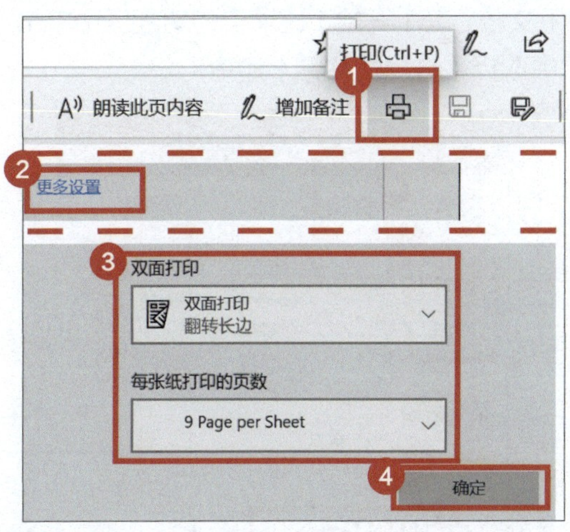

按照以上操作，就可以在一张纸上打印多页 PPT 了。

02 如何让 PPT 中的图表随 Excel 表格数据同步更新?

PPT 中经常展示各种各样的数据图表，如果图表中的数据发生变化，手动更新 PPT 非常耗时间。有没有一种方法可以实现 PPT 中的图表随 Excel 表格数据同步更新呢?

1 首先打开 Excel 文档，选中表格中的相应数据，按快捷组合键【Ctrl+C】复制表格。

员工姓名	四月	五月	六月	七月
表哥	333	460	167	126
鸭子	314	184	137	156
奥菲斯	423	255	355	160
战战	134	405	412	102
小美	316	263	149	255
Word姐	399	489	223	182
皮皮涕	369	453	306	346
小鱼	394	228	297	127
柯柯	282	[illegible]	[illegible]	132
牙签	116	[illegible]	[illegible]	404
现现	379	[illegible]	[illegible]	265
么么	383	130	417	119
小植	138	333	330	376

Ctrl + C

2 切换到 PPT 文档，在【开始】选项卡的功能区中单击【粘贴】图标，在弹出的菜单中选择【选择性粘贴】命令。

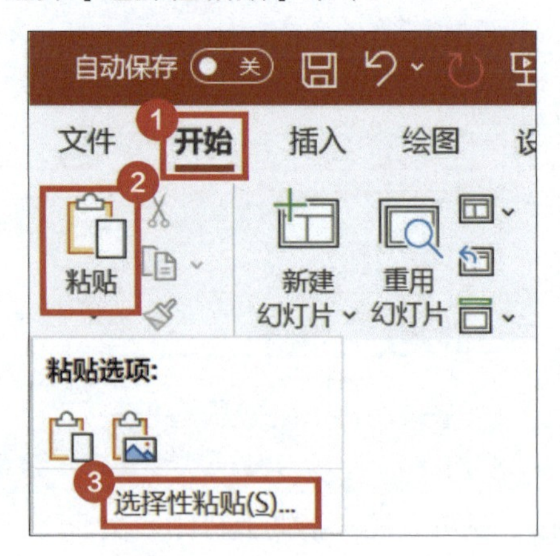

3 在弹出的【选择性粘贴】对话框中选择【粘贴链接】选项，在右侧选中【Microsoft Excel 工作表对象】选项，单击【确定】按钮。

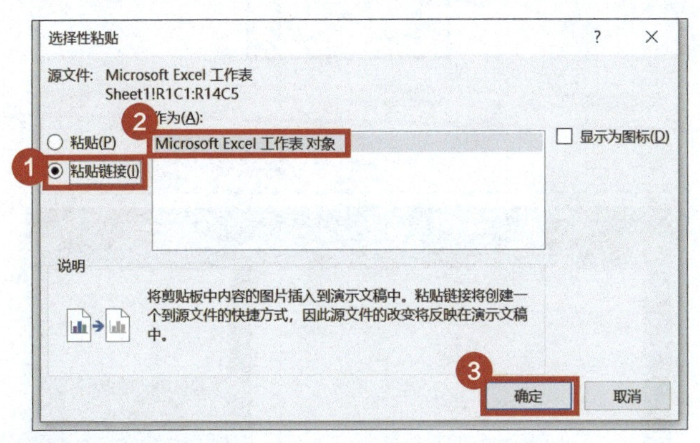

按照这种方式粘贴表格就可以实现数据同步更新。

03 如何防止用 PPT 演讲时忘词？

用 PPT 演讲时很容易紧张到忘词？下面分享如何给自己设置“提词器”的方法。

1 打开 PPT 文档，单击下方状态栏中的【备注】图标，在备注栏中添加演讲内容。

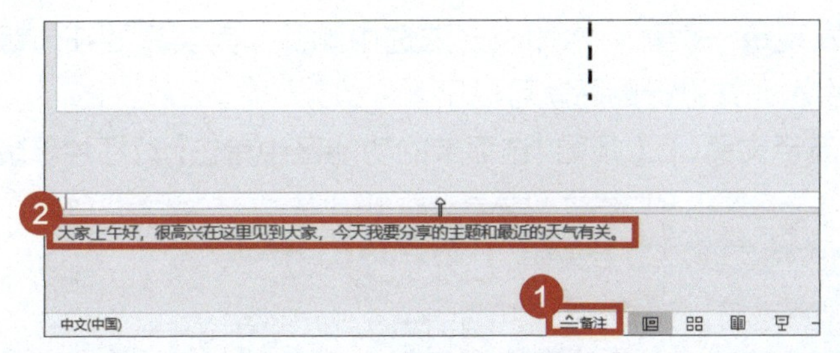

2 按快捷组合键【Alt+F5】进入【演示者视图】，这时显示器上除了显示当前幻灯片和下一张幻灯片的预览，还会出现演讲者的备注内容和计时器。

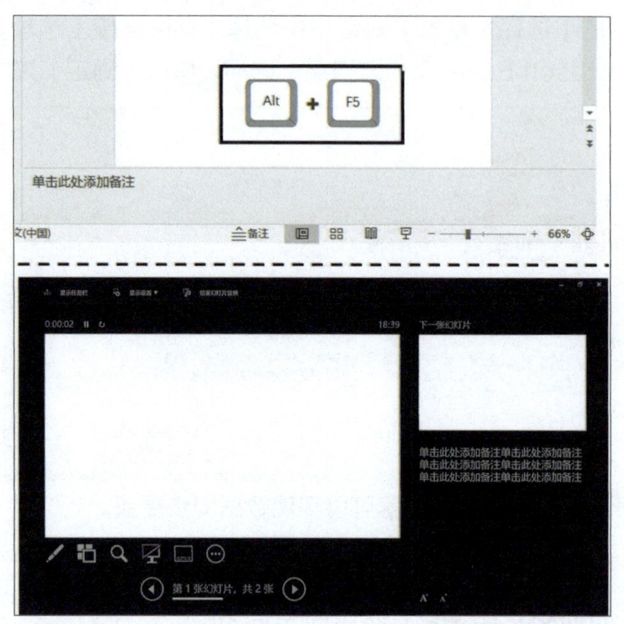

有了“提词器”，就再也不用担心汇报时忘词了！

04 如何去除下载的 PPT 模板中的水印？

你有没有遇到这样的情况：在网站上下载了很多 PPT 模板，用的时候却发现每一页都有水印，无法选中删除。其实只要在母版视图中可以选中水印并进行删除就可以了。

1 打开演示文稿，在【视图】选项卡的功能区中单击【幻灯片母版】图标。

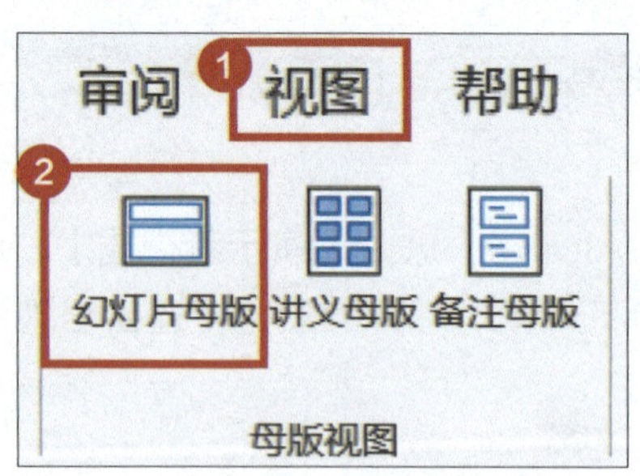

2 打开幻灯片母版视图后，在左侧母版缩略图中选中有水印的页面，在编辑区中逐个选中并删除水印。

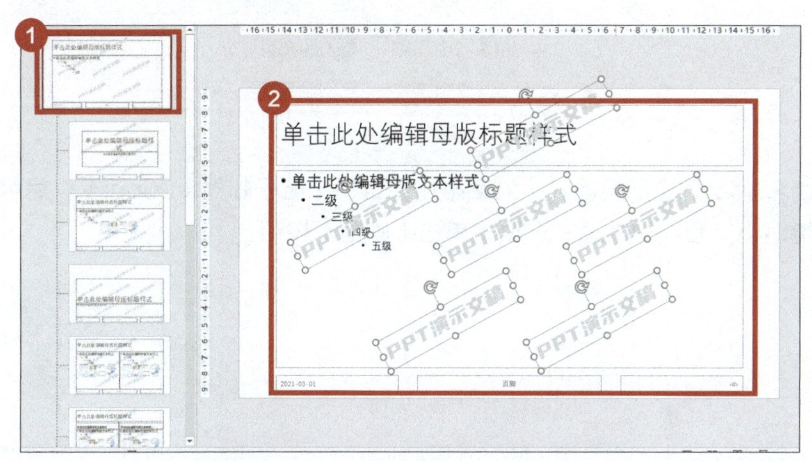

3 在【幻灯片母版】选项卡中，单击【关闭母版视图】图标退出母版视图，这时 PPT 模板中就没有水印了。

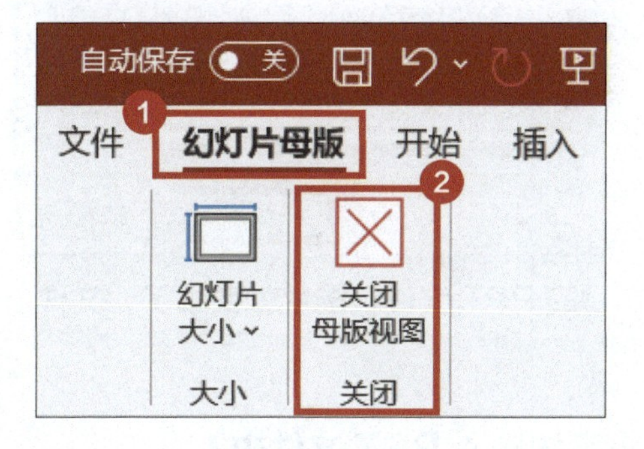

05 如何压缩 PPT 文件的大小?

当 PPT 文件中图片数量多，每张图片又很大时，PPT 文件就会很大，导致文件的保存或传输都不方便，这时可以对图片进行压缩处理以缩小文件。

1 选中图片，单击【图片格式】选项卡功能区中的【压缩图片】图标。

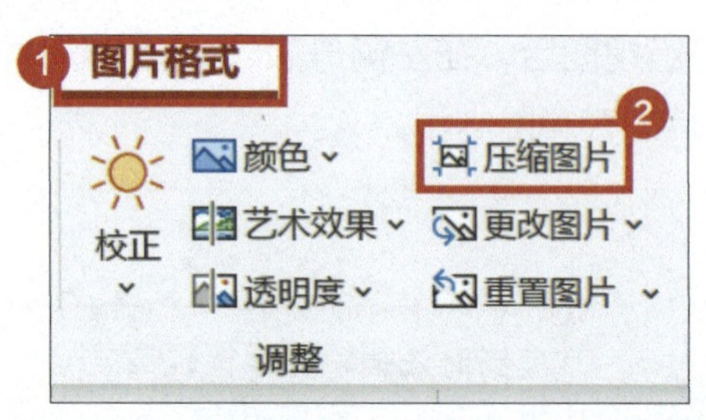

2 在弹出的【压缩图片】对话框中，选择【电子邮件（96ppi）：尽可能缩小文档以便共享】选项，单击【确定】按钮。

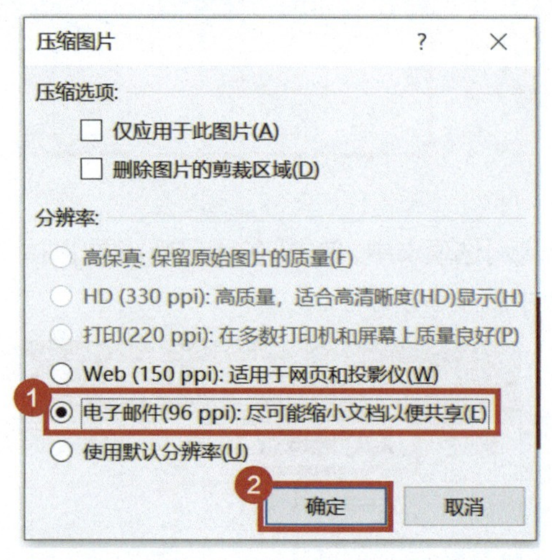

这样处理之后的 PPT 文件，图片就变小了，文件自然也会变小！

06 如何将字体嵌入 PPT 文件中?

辛辛苦苦做了一份漂漂亮亮的 PPT，客户收到打开看后却说字体全是乱的？这是因为客户的计算机没有安装 PPT 中使用的特殊字体，这个问题该如何解决呢？

1 在【文件】选项卡中选择【选项】命令。

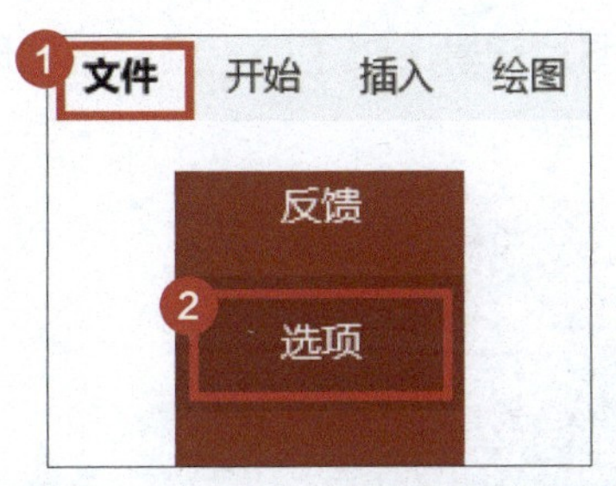

2 在弹出的【PowerPoint 选项】对话框中选择【保存】选项，在右侧选择【将字体嵌入文件】选项，单击【确定】按钮。

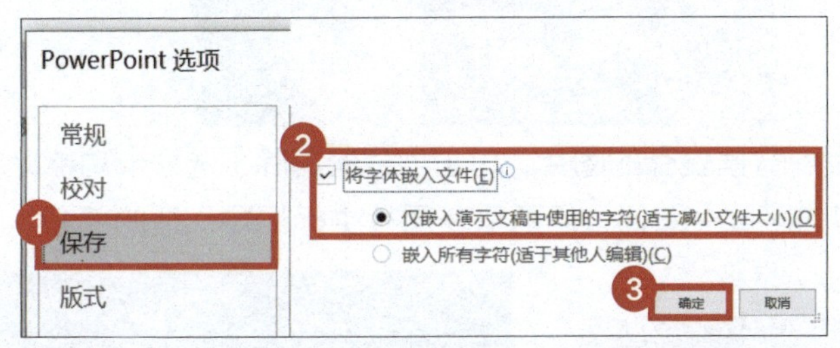

这样设置后，无论是谁接收到 PPT 文档，都可以看到漂亮的字体了。

07 如何用 PPT 抠图去除背景？

我们经常在网上下载一些图片素材，有时候需要抠除图片中复杂的背景。如果不熟悉 Photoshop，该如何抠图呢？这里和大家分享用 PPT 抠图的技巧。

1 选中图片，在【图片格式】选项卡的功能区中单击【删除背景】图标。

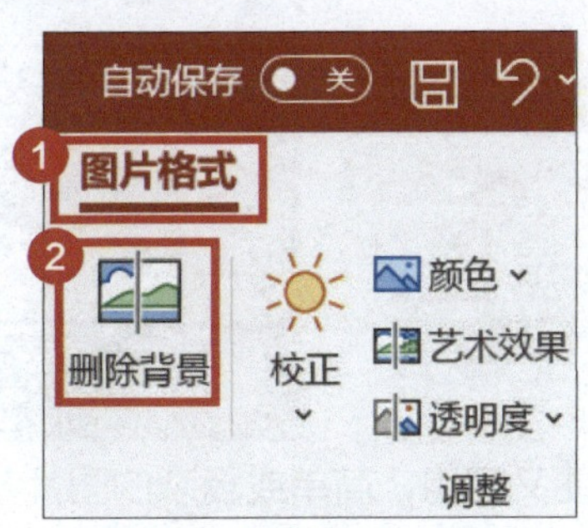

2 如果需要抠图的图片背景比较干净，素材轮廓明显，只需调整抠图区域，立刻就可以处理好。

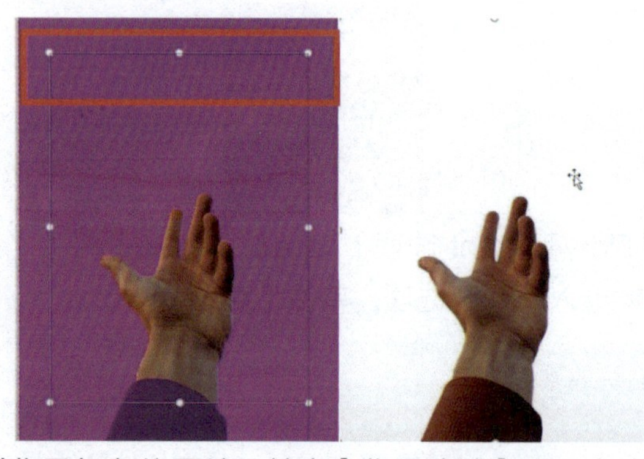

3 如果遇到背景复杂的图片，单击【背景消除】选项卡功能区中的【标记要保留的区域】图标，用画笔在图片中标记要保留的部分。

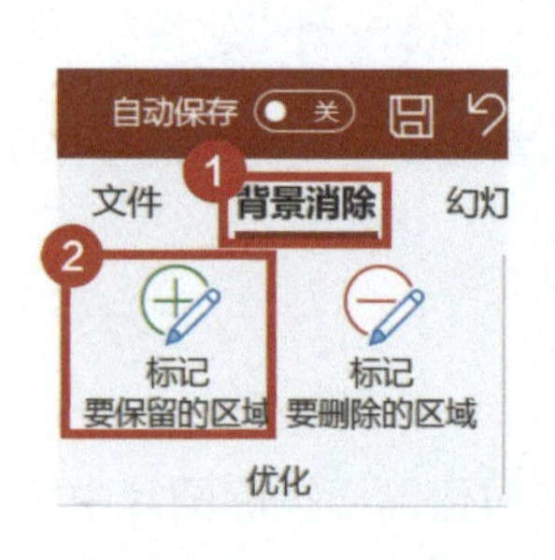

4 再单击【标记要删除的区域】图标，用画笔标记不需要的区域，最后单击【保留更改】图标即可完成抠图。

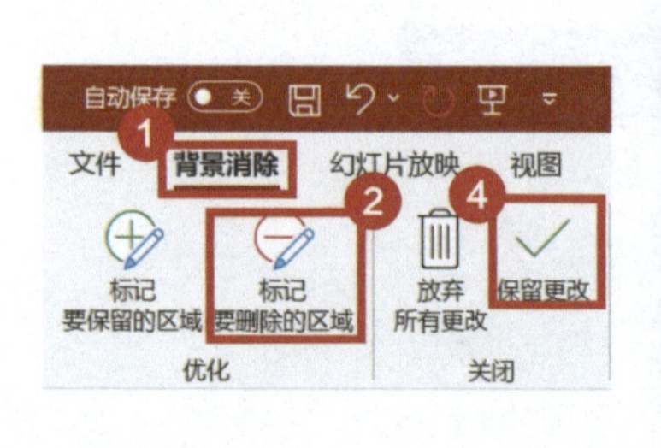

用 PPT 抠图方便又实用，简单或复杂的图片都可以轻松搞定！

08 如何在 PPT 中使用超链接?

在 PPT 演示过程中，如果想要实现同一份文档不同幻灯片之间的快速跳转，可以通过添加超链接来实现。

1 选中需要添加超链接的素材对象，在【插入】选项卡的功能区中单击【链接】图标。

2 在弹出的【插入超链接】对话框中，单击【本文档中的位置】，在【请选择文档中的位置】中选中跳转的目标幻灯片，可在【幻灯片预览】区查看选择是否正确，最后单击【确定】按钮，这样就成功插入了超链接。

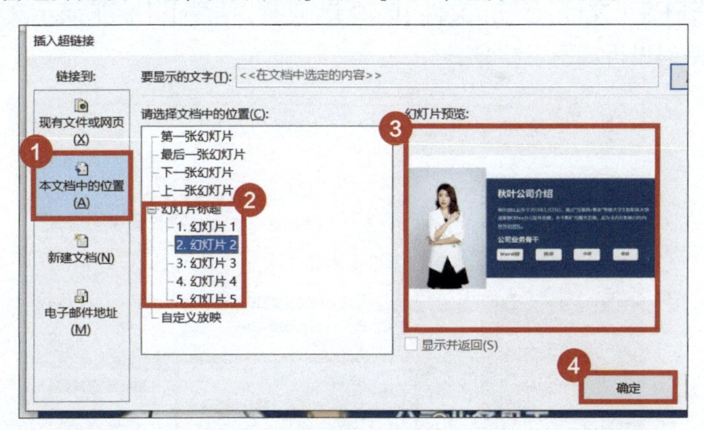

3 如果想要将同一个素材对象的跳转应用在其他幻灯片页面，无须重新设置，只要选中素材对象，按快捷组合键【Ctrl】+【C】/【V】就可以将超链接的跳转复制、粘贴到其他页幻灯片，超链接依然有效。

设置完超链接后，只要单击素材对象就可以快速跳转至指定页面了。

09 如何给 PPT 文件加密?

如果不想让别人查看重要的 PPT 文件，可以加密保存该文件。

1 打开 PPT 文件，单击【文件】选项卡，选择【信息】-【保护演示文稿】-【用密码进行加密】命令。

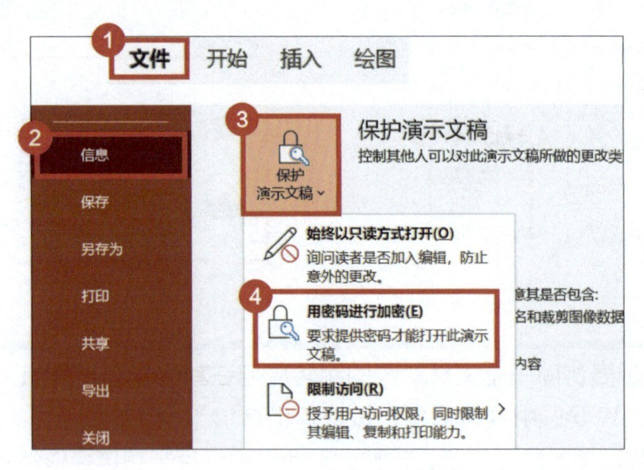

2 在弹出的【加密文档】对话框中输入密码，单击【确定】按钮。

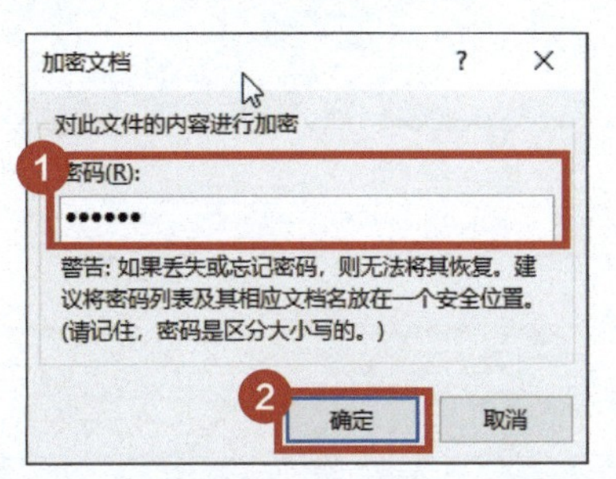

3 在弹出的【确认密码】对话框中重新输入密码，单击【确定】按钮，最后保存文件，完成文件加密。

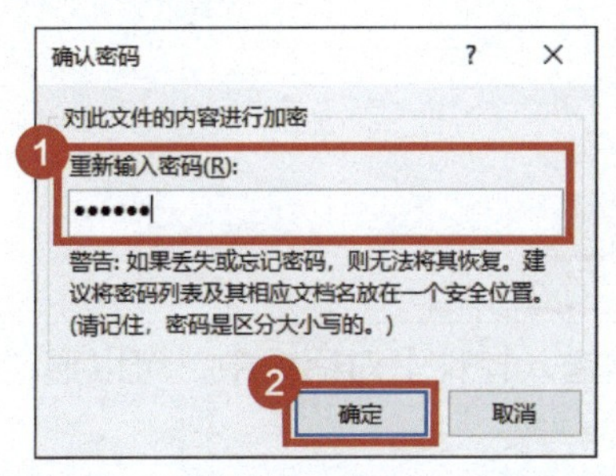

这样设置加密保存后，只有输入密码才能打开该文件。

10 在 PPT 中如何输入数学公式?

PPT 是一种常见的辅助教学工具，有时候在做课件时会发现有些特殊的公式非常难输入，如何在 PPT 中输入复杂的数学公式呢?

1 在【插入】选项卡的功能区中单击【公式】图标。

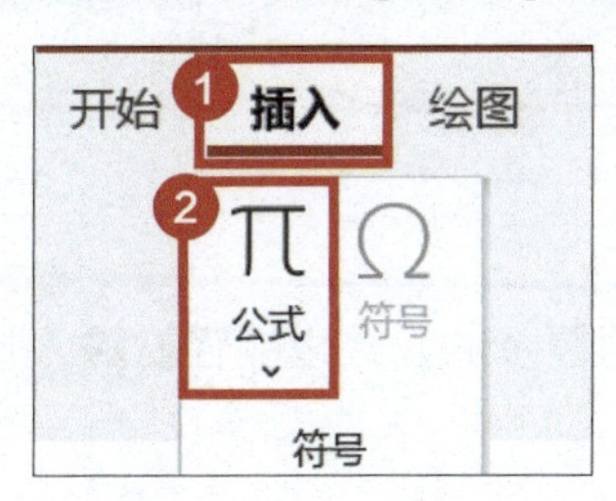

2 在弹出的菜单中选择【墨迹公式】命令。

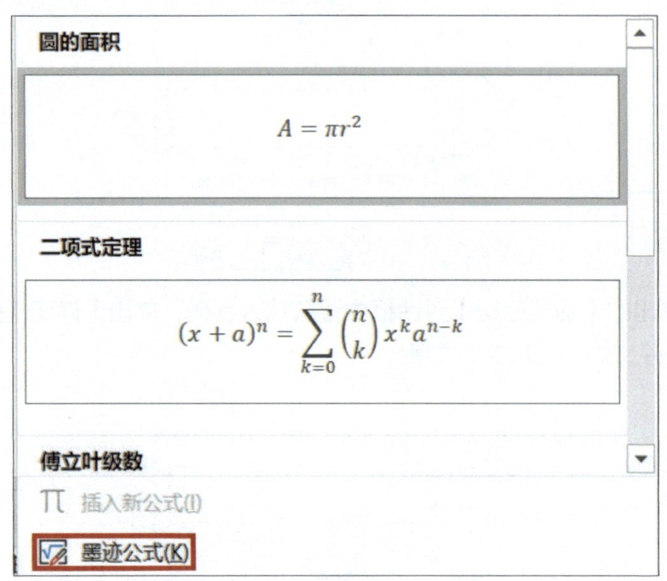

3 在弹出的【数学输入控件】对话框中，可以通过单击鼠标并拖曳的方式写入公式，非常方便快捷。

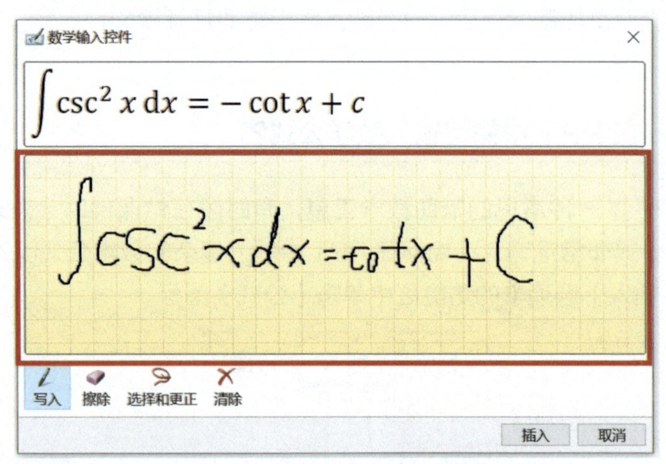

学会这个技巧，再复杂的公式也能轻松输入！

2.2 PPT 的职场实战运用

本节主要介绍职场中应用 PPT 的高频场景中的使用技巧，让你更好地掌握职场 PPT 的制作思路和技巧，在工作中脱颖而出。

01 怎样用 PPT 制作一寸照片？

个人证件照要换底色，不会用 Photoshop 更换颜色怎么办？使用 PPT 也可以快速制作出个人证件照。

1 在【插入】选项卡的功能区中单击【形状】图标，在弹出的菜单中选择【矩形】命令，拖曳鼠标在幻灯片中插入一个矩形。

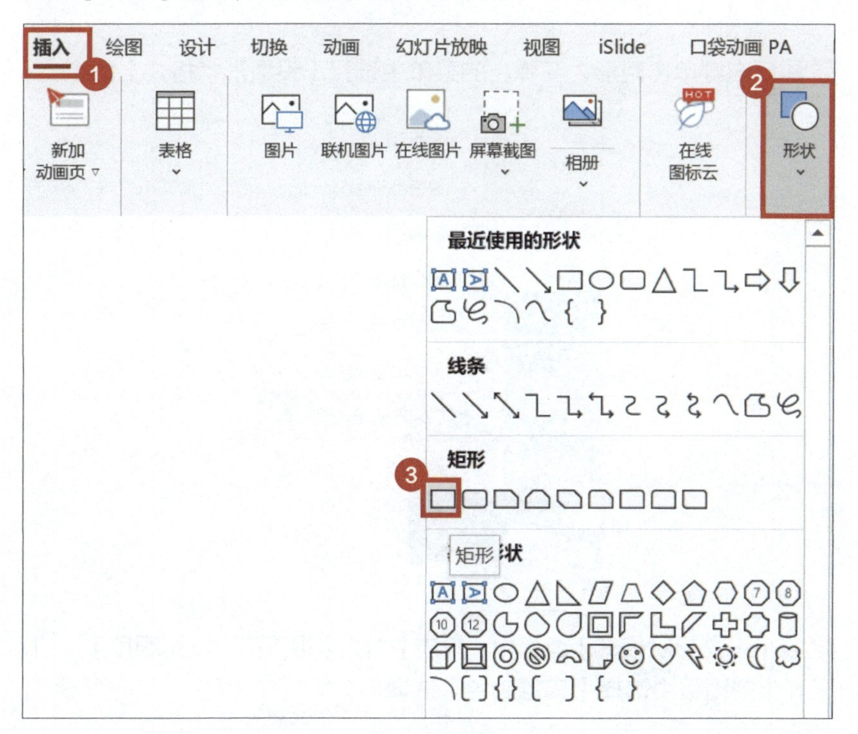

2 制作一寸证件照，需要在【形状格式】选项卡的功能区中将矩形的【高度】设置为“3.5 厘米”，将【宽度】设置为“2.5 厘米”；如果制作 2 寸证件照，则需要将【高度】设置为“5.3 厘米”，【宽度】设置为“3.5 厘米”。

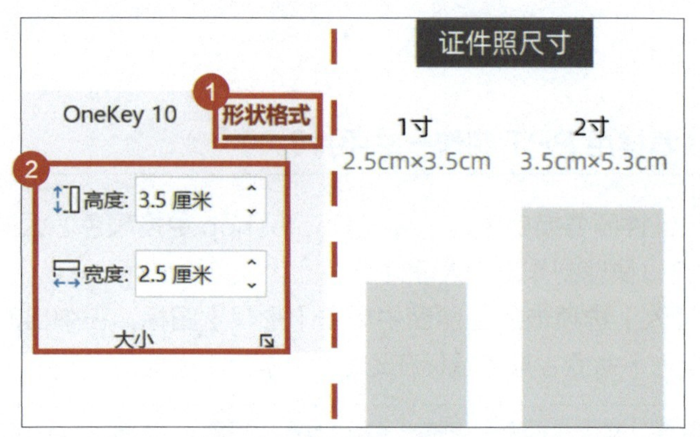

3 鼠标右键单击矩形，在弹出的菜单中选择【设置形状格式】命令。

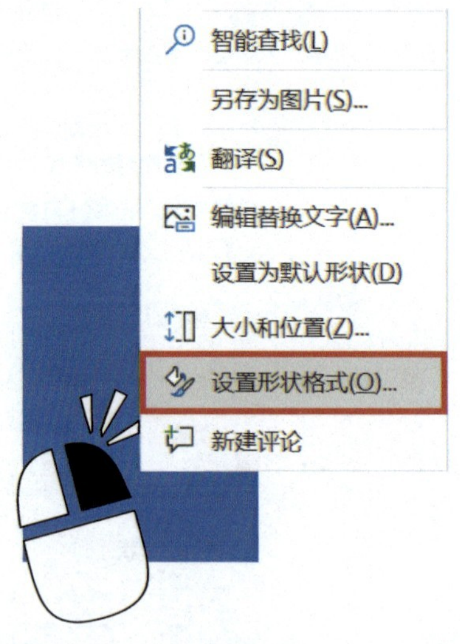

4 在【设置形状格式】窗格中，单击【填充】组下的【填充颜色】按钮，在弹出的面板中选择【其他颜色】选项。

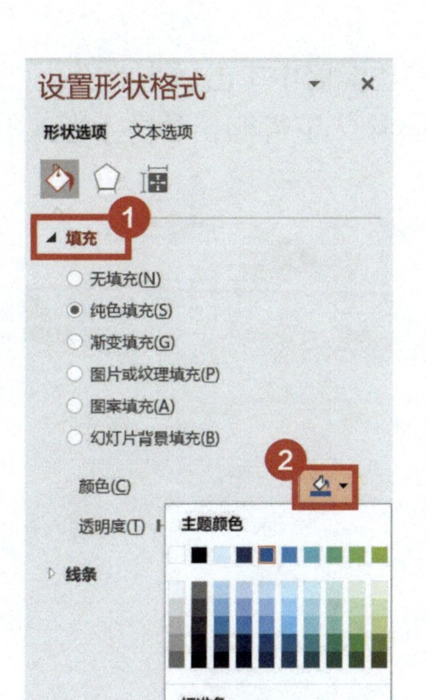

5 如果希望照片为红底，在【颜色】对话框中单击【自定义】选项卡，将【颜色模式】设置为【RGB】，将矩形的【红色】值设置为“220”，【绿色】和【蓝色】值均设置为“0”；如果希望照片为蓝底，则将矩形的【红色】值设置为“60”，【绿色】值设置为“140”，【蓝色】值设置为“220”，设置完成后单击【确定】按钮。

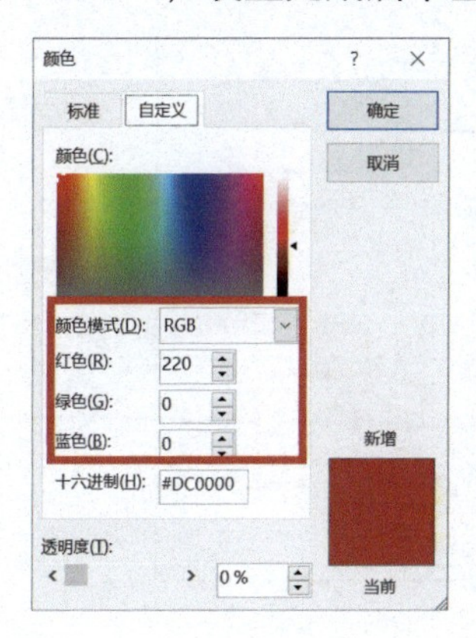

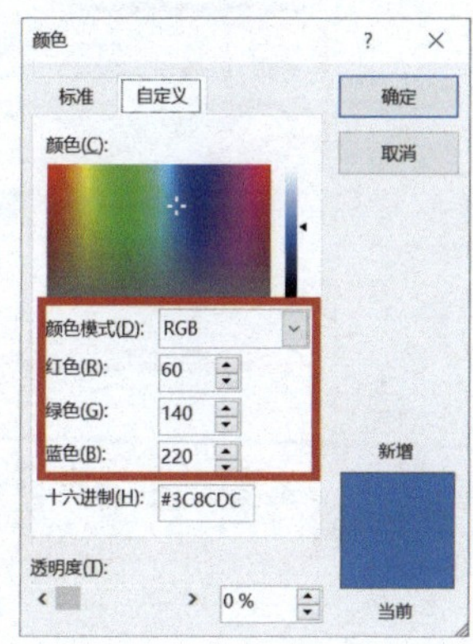

6 在【插入】选项卡的功能区中单击【图片】图标，在弹出的【插入图片】对话框中选中要添加的个人证件照，单击【插入】按钮，插入图片。

7 选择插入的图片，在【图片格式】选项卡的功能区中单击【删除背景】图标，在【背景消除】选项卡的功能区中，单击【标记要保留的区域】图标，并在图片上涂抹出要保留的区域；单击【标记要删除的区域】图标，并在图片上涂抹出要删除的区域，完成后单击【保留更改】图标退出【背景消除】选项卡。

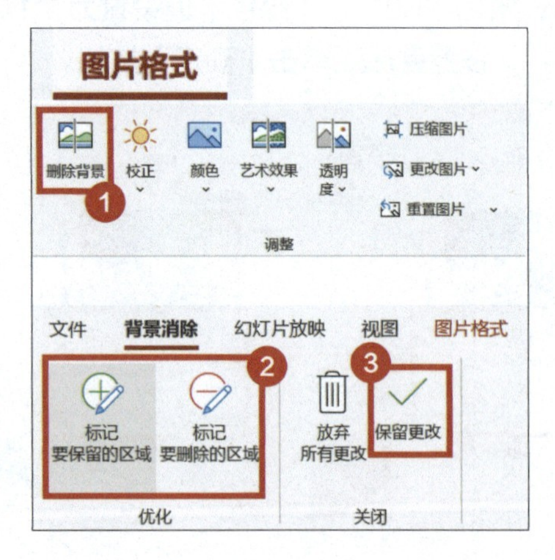

8 将人物图片放置在矩形上，按住【Shift】键，按住鼠标左键拖曳人物图片四周的控点，将图片缩放至合适大小，鼠标右键单击人物图片，在弹出的菜单中选择【裁剪】命令。

9 按住鼠标左键拖曳出现的黑色裁剪框，将人物图片裁剪至矩形大小。

10 按住【Ctrl】键依次选择人物图片和矩形，按快捷组合键【Ctrl+G】，将图片和矩形进行组合；右键单击组合后的图片，在弹出的菜单中选择【另存为图片】命令。

11 在【另存为图片】对话框中重新命名【文件名】，并单击【保存】按钮。

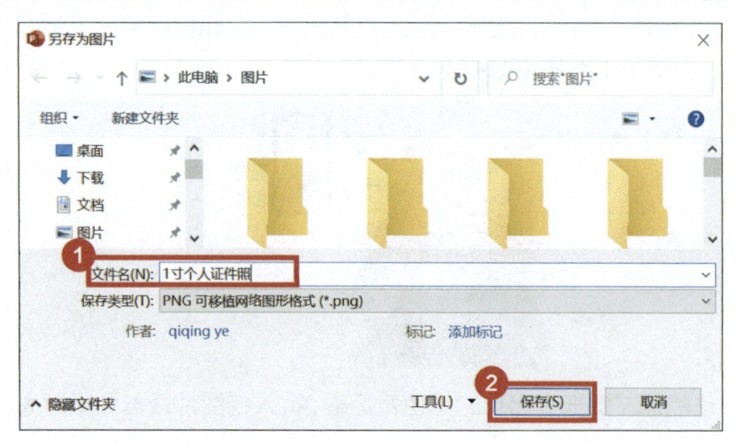

02 纯文字 PPT 如何做到简约大方?

年终总结等汇报场合经常需要使用纯文字的 PPT，如何把纯文字的 PPT 做到简约大方，而不是简单罗列文字呢?

1 先梳理结构，提炼出每页的关键词。

2 选择粗大的字体，这里推荐 3 款字体："思源黑体""思源宋体""庞门正道标题体"，字号可以设置为 120 ~ 160 磅。

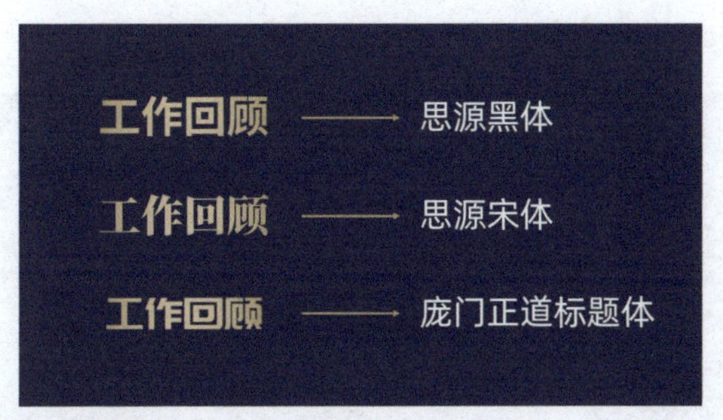

3 鼠标右键单击文本框，在弹出的菜单中选择【设置形状格式】命令。

4 在【设置形状格式】窗格中单击【文本选项】选项卡，将【文本填充】设置为【渐变填充】，将【类型】设置为【射线】，【方向】设置为【从中心】，分别设置渐变光圈为白色到金色，为文字做出金色渐变的质感，并添加上英文，这样文字就不再单调了。

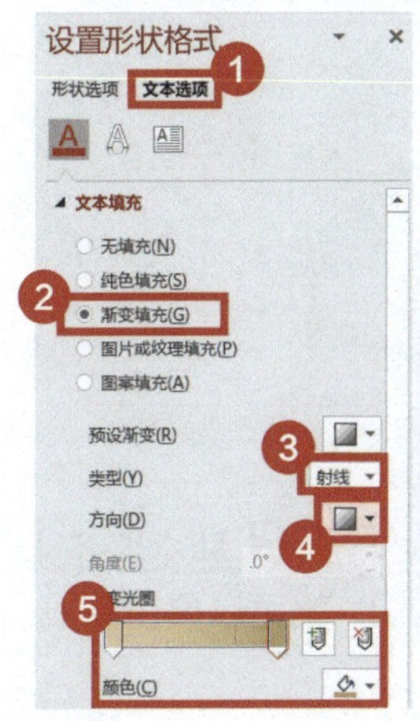

5 鼠标右键单击PPT页面，在弹出的菜单中选择【设置背景格式】命令。

6 在【设置背景格式】窗格中，将【填充】设置为【图片或纹理填充】，在【图片源】组中单击【插入】按钮。

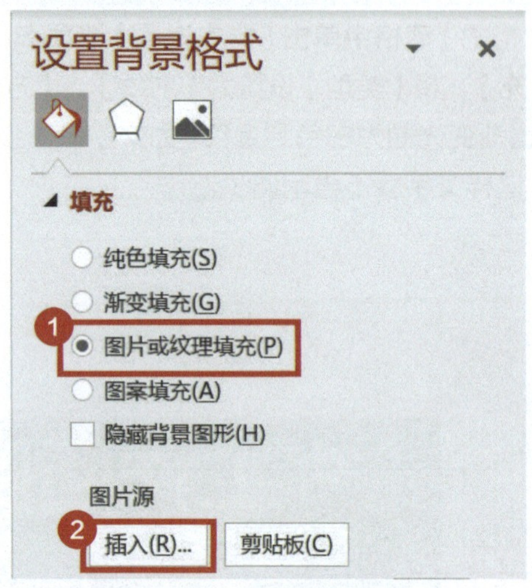

7 在【插入图片】对话框中选择【来自文件】选项，在【插入图片】对话框中选中要插入的背景图片，单击【插入】按钮，就可以更换背景。

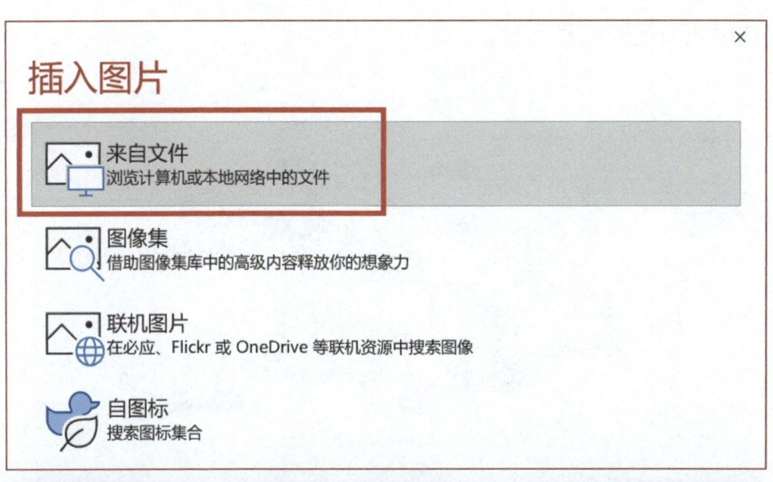

这样做纯文字型的 PPT 既简洁大方，又节约时间。

03 团队介绍 PPT 如何设计?

在制作团队介绍 PPT 时，你是不是还在一张一张地调整图片的大小和位置呀？赶紧来学学这一招吧，让你快速搞定团队介绍 PPT 的图片排版。

1 选中所有团队成员图片。

2 在【图片格式】选项卡的功能区中单击【图片版式】图标，在弹出的菜单中选择合适的图片型 SmartArt 图示，这里以选择【蛇形图片半透明文本】为例，图片就会自动对齐排列。

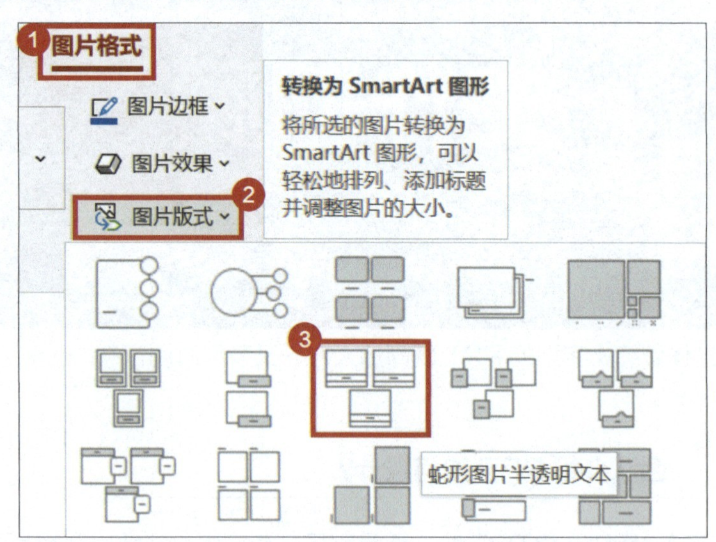

3 按住鼠标左键拖曳 SmartArt 图形左右两边的控点，SmartArt 就会自动按照宽度来调整图片布局。

4 鼠标右键单击 SmartArt 图形，在弹出的菜单中单击【样式】【颜色】【布局】图标做相应的调整。

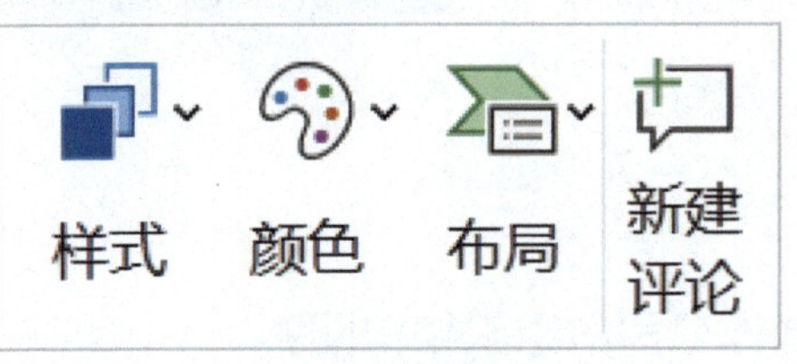

5 最后为幻灯片加上团队介绍和名称即可。

团队介绍还可以选择【题注图片】【六边形群集】【图片网格】等常用版式。

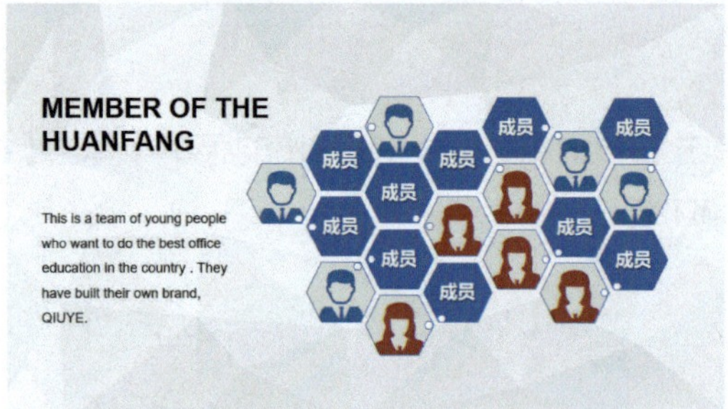

04 如何制作公司的组织架构图?

有时候领导要求做出公司的组织架构图，你是不是还在用一个个文本框和直线来组合制作？下面介绍的这一招能让你快速搞定公司组织架构图。

1 先将公司架构名称复制到 PPT 的文本框里。

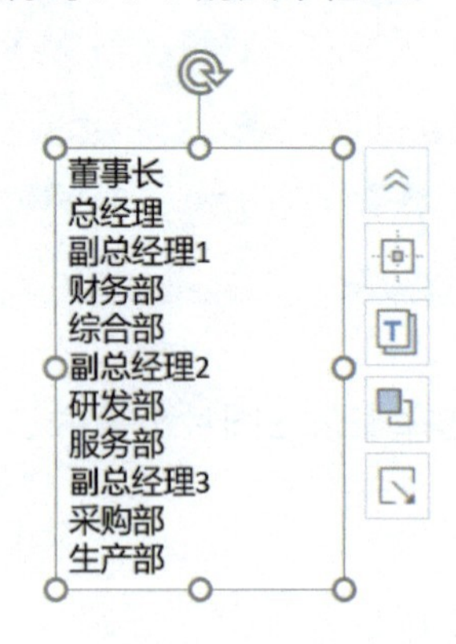

2 按【Tab】键给架构名称分级，按一下是一级，按两下是两级，以此类推，完成组织架构的分级。

3 选中文本框，在【开始】选项卡的功能区中单击【转换为 SmartArt】图标。

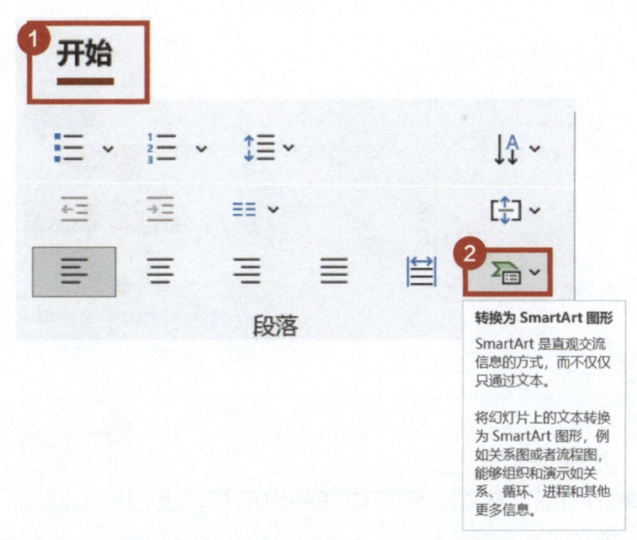

4 在弹出的菜单中选择【其他 SmartArt 图形】命令。

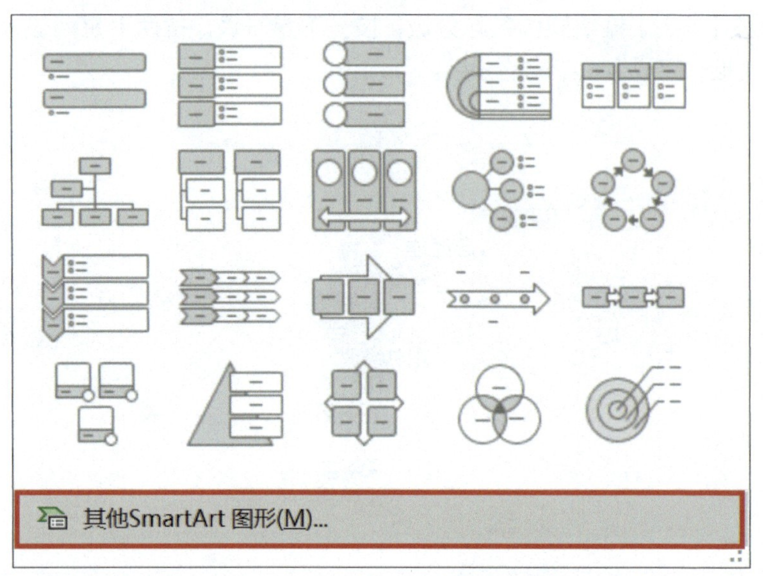

5 在弹出的【选择 SmartArt 图形】对话框中选择【层次结构】里的【组织结构图】，单击【确定】按钮，就能生成组织架构图。

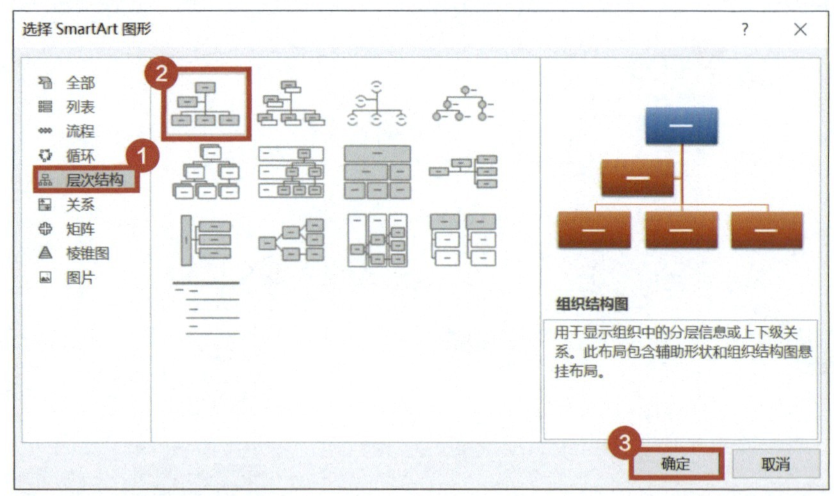

6 右键单击组织架构图，还可以在弹出的菜单上方单击相应的图标完成各项设置。

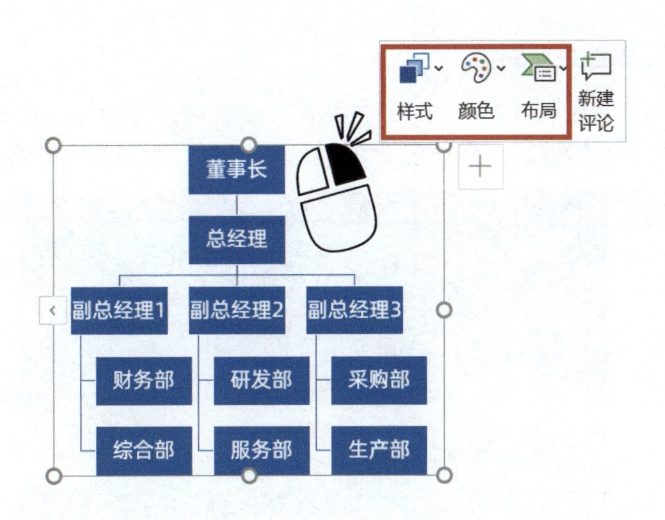

05 结束页怎样做更出彩？

你的 PPT 结束页是不是还在用“谢谢”或“感谢聆听”这样的文字呢？我们一起来看看下面 3 种出彩的 PPT 结束页。

1. 直接放企业 Logo

这种方式特别适合企业对外使用的 PPT，显得非常正式、专业，可以展示企业的形象，增强观众记忆的同时还能起到画龙点睛的作用。

华为，不仅仅是世界500强

2. 表达企业愿景

用“金句”或名人名言作为结尾，一方面能够传达演讲者和所在企业的核心价值观，另一方面也能够抒发情怀，引发观众共鸣。

3. 留下联系方式

想吸引人才或产生合作，可以直接展示你的联系方式，以便和现场听众进一步交流。

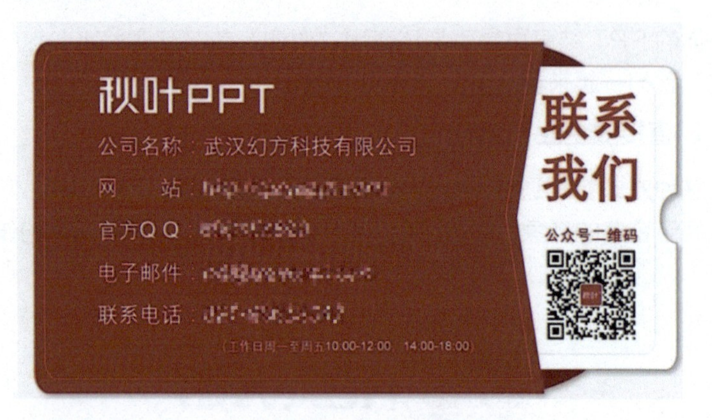

06 年终总结 PPT 要避免哪些“坑”？

你的年终总结 PPT 踩“坑”了吗？下面介绍如何避免年终总结 PPT 出现 4 个大“坑”。

1. 封面页别用干巴巴的标题

可以用口号型标题来鼓舞士气，给人一种开门见山的感觉，这在年终总结 PPT 中比较常见。

还可以用数字型标题。用数据说话，以一个数字作为支撑点，主要内容围绕数字展示突出。数据可以是方法，也可以是销售金额或其他数据等。

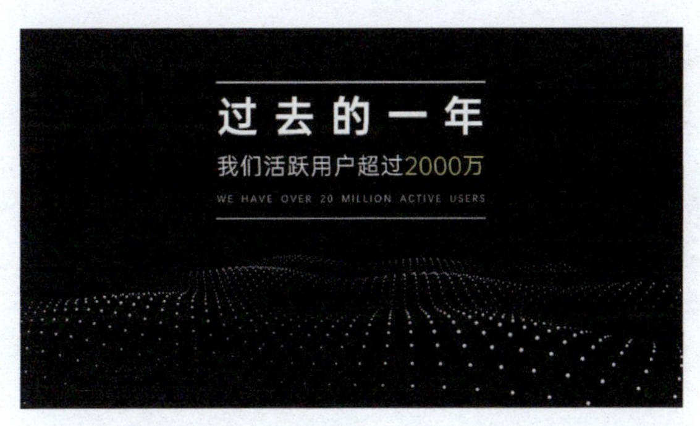

2. 内容页不要全是文字、杂乱无章

可以通过分段突出标题让内容层次更加清晰、重点更加突出。

3. 数据展示要清晰

秋叶短视频部门迟到次数统计

我们部门的迟到次数位列 组员们竞争激烈，最终的尾声是，Word姐英文洗头 次，表哥在路上帮警察叔叔填表迟到425次，主管 上的小动物迟到90次，小美因为闹钟没有响迟到 ，辛 因为总是找借口被保安拦住迟到345次。

可以用图表的方式来展示数据，让数据更加直观。

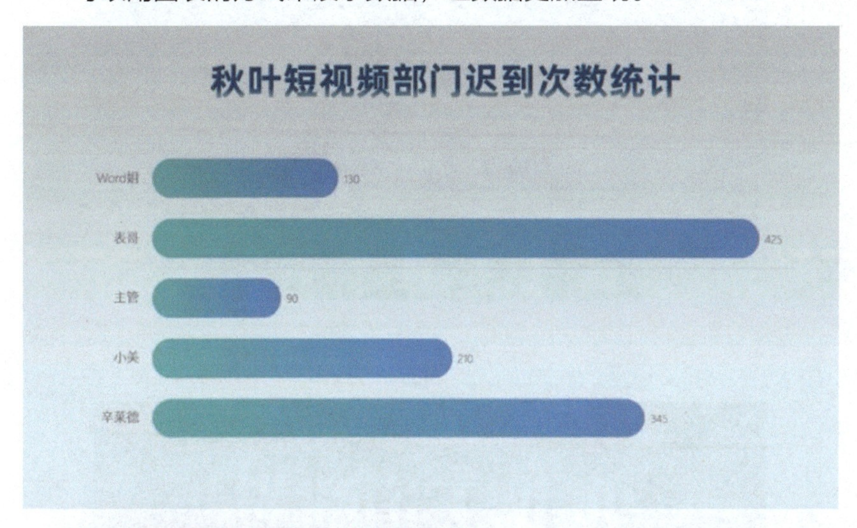

4. 结尾页不要只使用“谢谢聆听”

可以使用感谢型、展望型等结束语。

避开上面 4 个“坑”，可大大改善年终总结 PPT。

如何梳理年终总结的框架?

还在为年终总结不知道从哪入手而烦恼吗？快来看看年终总结的通用模板吧。年终总结通常包含 4 个板块。

1. 工作业绩

包括今年业绩是否达标，完成了哪些项目及工作进展程度。

工作业绩
Achievement

业绩是否达标
完成哪些项目
工作进展程度

2. 亮点经验

包括今年优化了哪些工作流程，有没有拓宽工作渠道，节省了哪些成本等。

亮点经验
Experience

优化哪些流程
拓宽哪些渠道
节省哪些成本

3. 问题分析

可以讲讲工作目前面临的挑战，是什么原因导致的，准备怎样处理。

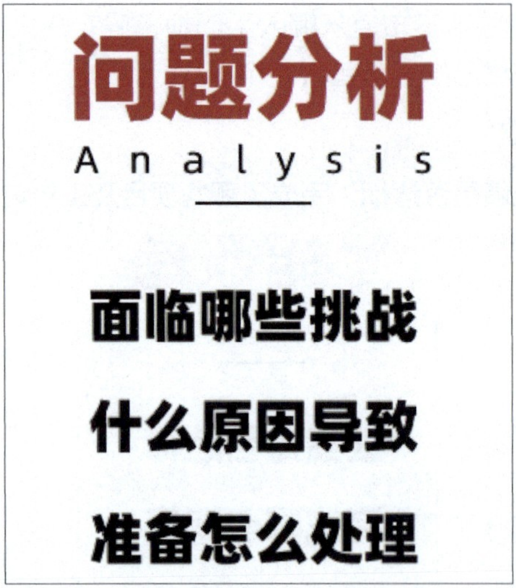

问题分析
A n a l y s i s

面临哪些挑战

什么原因导致

准备怎么处理

4. 未来计划

可以写下自己对于明年的规划，需要什么支持，设定好初步目标。

按照上面 4 个方面梳理年终总结，总结会变得更加清晰，易于解释。

08 不套模板怎样做 PPT？

接到要做 PPT 的任务，你是不是马上就想找模板呢？在工作场合中使用的 PPT，简洁大方更好，不需要做得过于复杂，只要做到以下 5 点就可以让你的 PPT 充满设计感。

1. 只用纯白底色

因为白色跟任何颜色都是百搭的，在颜色的还原度上，白色背景的表现更加优秀，而且白色和其他颜色相比，更能给人一种纯净的感觉。

2. 挑选 8 种颜色，用且只用这 8 种

这 8 种颜色分别为黑色、白色、深灰、浅灰、深主色、浅主色、深亮色、浅亮色。

这 8 种颜色可分为 3 类。

（1）黑白灰色：黑白的作用是可以突出重点，灰色可以当底色或衬托，如下图右侧所示。

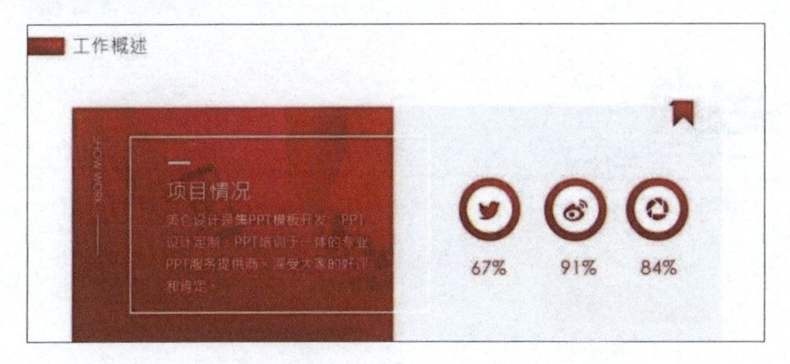

（2）深浅主色：主色是用得最多的颜色，会奠定基调，如热烈的红、明亮的橙、沉静的蓝、清新的绿，一般可选择公司 Logo 的色调。

（3）深浅亮色：如果主色偏安静，可能需要一点明亮色系，突出重点、提亮画面。

这 8 种颜色使用并没有定式。有时用 3 种颜色也可以做出很好的效果。如只有黑白蓝 3 色的幻灯片。

3. 想好这页讲什么，再去找版式

选版式，先想好这页的内容，然后才选择版式。

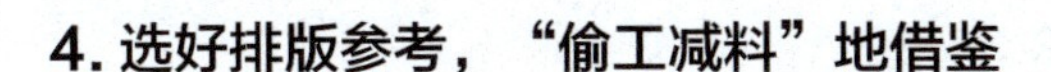

4. 选好排版参考，“偷工减料”地借鉴

直接借鉴选好的版式不太好，借鉴过程中也是有技巧的。

① 只参考最简单的排版设计，复杂的设计制作起来费时费力，得不偿失。

② 偷工减料地借鉴——设计感强的 PPT，往往细节丰富，只借鉴大体设计即可。

③ 定好颜色——这一点绝对不能偷懒，选好颜色搭配，PPT 的设计感会大大加强。

例如，一个可参考的排版如下。

我们可以简化为下面这样，省略很多细节。

5. 一丝不苟的对齐

做好对齐统一的细节：白底黑字、少量颜色；字体大小统一；段落字句等处处对齐，PPT 就会大不一样。

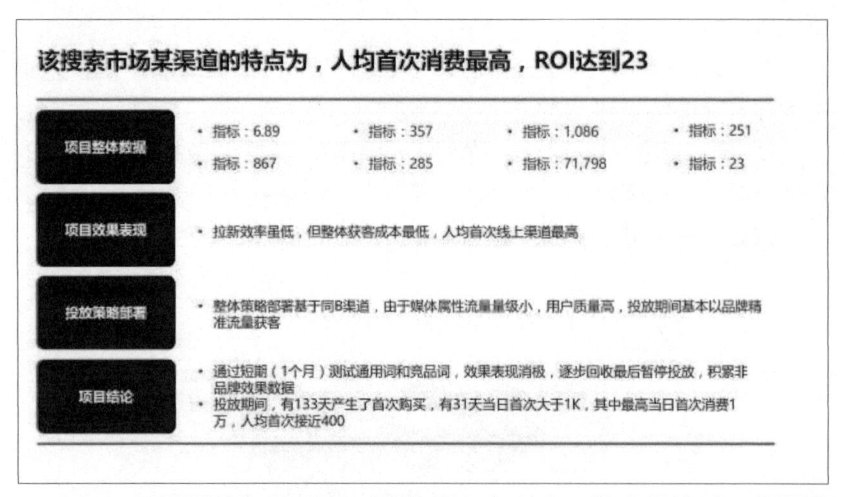

PPT 是重要的沟通工具，要做得大方专业，做出设计感，就要用白底黑字、统一字体、少许颜色、处处对齐。

和秋叶一起学

秒懂PPT

第3章 PPT炫酷特效

在做好 PPT 内容的基础上，如果做出炫酷的亮点，能最大程度吸引观众的眼球，让人印象深刻。制作炫酷特效的重点在于做好标题设计和动画设计，所以本章主要介绍创意十足的文字特效和视觉冲击力极强的动画特效的制作方法。

扫码回复关键词“秒懂 PPT”，下载配套操作视频

3.1 PPT的炫酷文字特效

本节主要涉及文字特效的设计，特别适用于封面标题设计和重点页面的关键文字设计，做出让人眼前一亮的炫酷效果。

01 如何做出粉笔字效果?

无论是教学课件，还是答辩展示，在制作这类校园主题PPT时，我们都可以尝试给文字加上粉笔字效果，这样的PPT更符合校园场景，整体风格也更加活泼。如何做出这种炫酷的粉笔字特效呢?

炫酷的粉笔字特效

1 在【插入】选项卡的功能区中单击【形状】图标，在弹出的菜单中选择【任意多边形：自由曲线】命令。

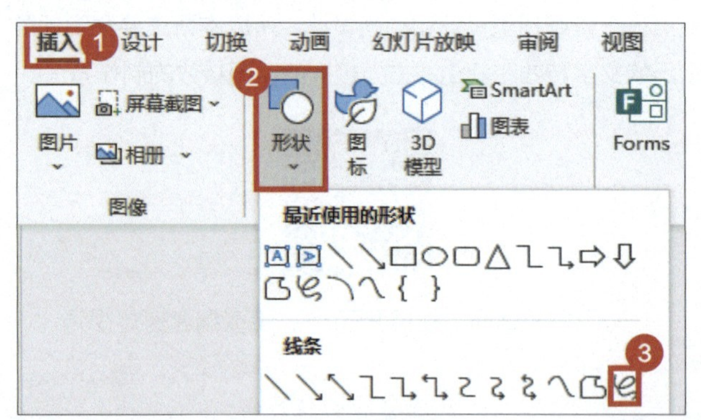

2 自由绘制一条曲线，按住【Ctrl】键的同时将曲线向右拖动一小段距离，复制出一条曲线；按【F4】键重复上一步操作，多复制出几条曲线。

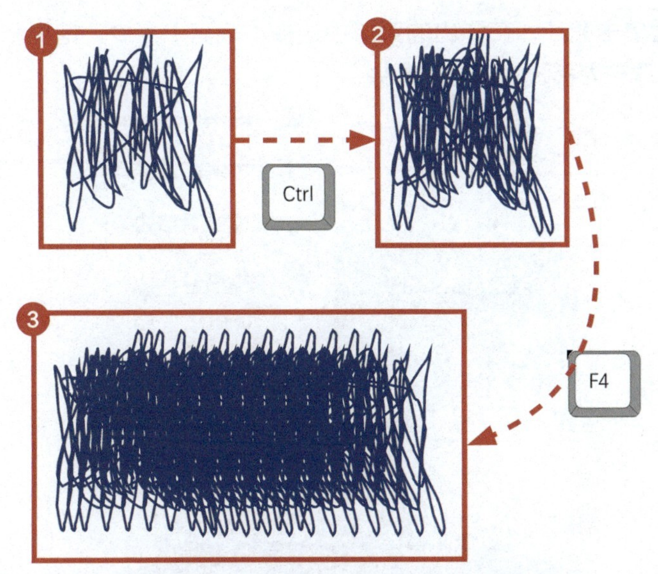

3 选中绘制出的全部曲线，按快捷组合键【 Ctrl+G 】将曲线组合在一起。

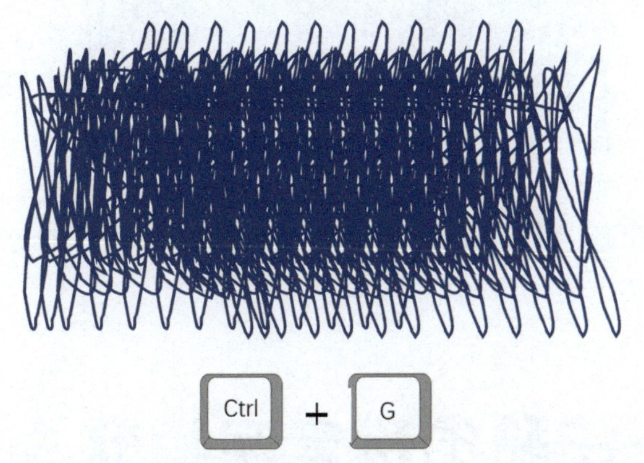

Ctrl + G

4 选中曲线组合，右键单击后在弹出的菜单中选择【 剪切 】命令；在空白处右键单击，在弹出菜单的【 粘贴选项 】组中选择【 粘贴为图片 】命令。

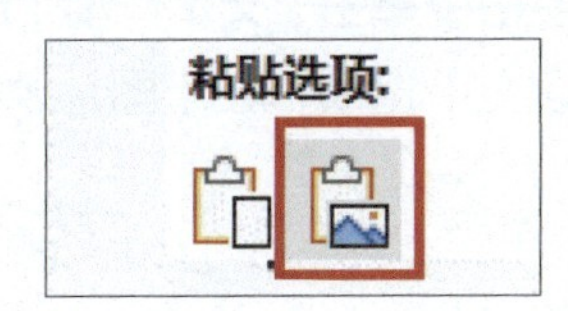

5 右键单击图片，在弹出的菜单中选择【裁剪】命令，拖曳裁剪框将边缘纹理较为稀疏的部分裁剪掉。

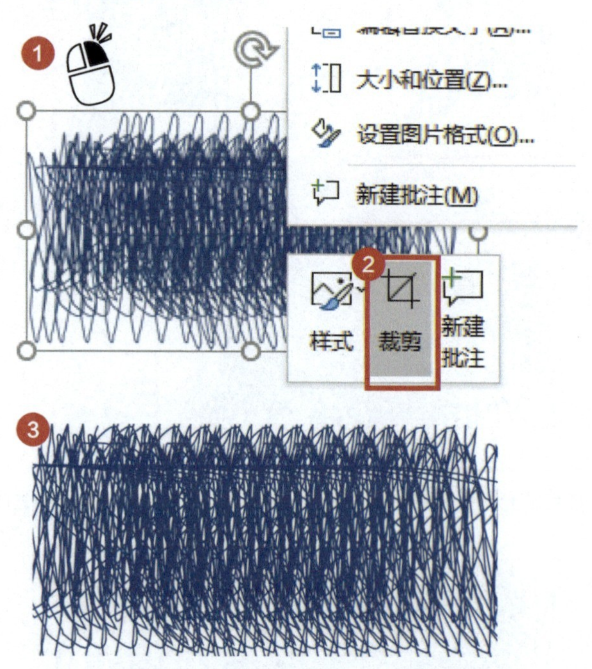

6 右键单击裁剪后的图片，在菜单中选择【剪切】命令，然后右键单击需要修改的文本框，在弹出的菜单中选择【设置形状格式】命令。

7 在【设置形状格式】窗格中单击【文本选项】选项卡，在【文本填充】组中选择【图片或纹理填充】选项，在【图片源】组中单击【剪贴板】按钮。

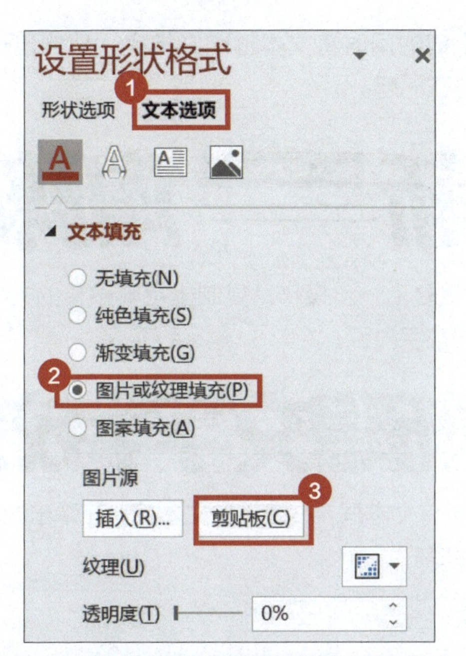

通过以上操作，炫酷的粉笔字效果就制作完成了。此外，还可以通过修改曲线的颜色来调整粉笔字的颜色。

02 如何做出渐隐文字效果？

渐隐文字的效果丰富了文字的表达层次，一直以来深受设计师的喜爱。用 PPT 设计渐隐字其实也非常简单。

渐隐文字特效

1 制作渐隐文字效果需要将文字拆分为每个文本框内仅一个文字。首先，在【插入】选项卡的功能区中单击【文本框】图标，在 PPT 中单击插入一个文本框并输入第一个字。

2 按住【Ctrl】键的同时将文本框向右拖曳，复制出一个，使两个文字一小部分重叠在一起。

3 按【F4】键重复上一步操作，复制出足够数量的文本框，然后逐一更改文本框中的文字内容。

渐隐文字特效

4 用鼠标框选所有文本框，右键单击文本框，在弹出的菜单中选择【设置对象格式】命令。

5 在弹出的【设置形状格式】窗格中单击【文本选项】选项卡，然后单击【文本填充】图标，在【文本填充】组中选择【渐变填充】选项。

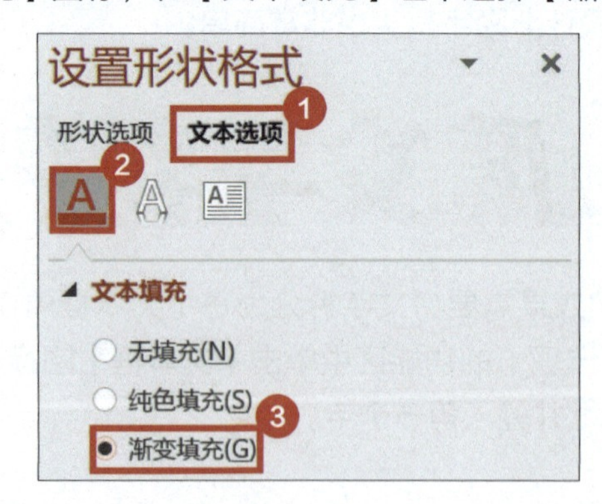

6 调整渐变设置。【类型】设置为【线性】，【角度】设置为【0° 】。设置两个渐变光圈为同一颜色，左侧渐变光圈【位置】为【0%】，透明度为【0%】；右侧渐变光圈【位置】为【100%】，透明度为【100%】。

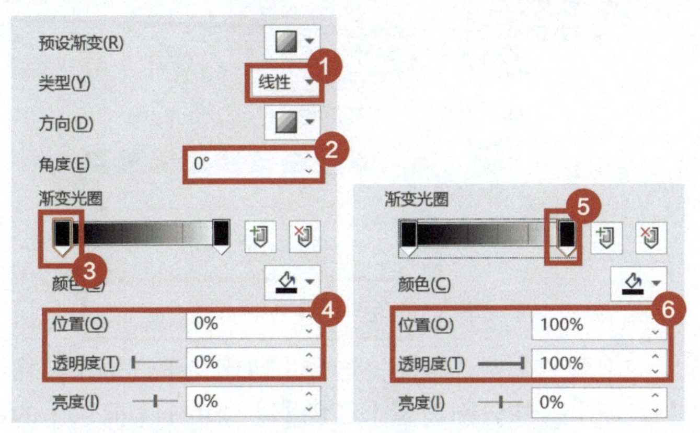

渐隐文字效果就设计完成了，可以进一步调整渐变颜色，做出更丰富的渐隐文字效果。

03 如何做出抖音文字效果？

抖音字效是现在非常流行的设计风格，如何用 PPT 制作抖音字效呢？

1 选中需要制作抖音字效果的文本框，按两次快捷组合键【Ctrl+D】，复制出两个文本框。

2 选中原始的文本框，在【形状格式】选项卡的功能区中单击【文本填充】图标，在弹出的菜单中选择【其他填充颜色】命令。

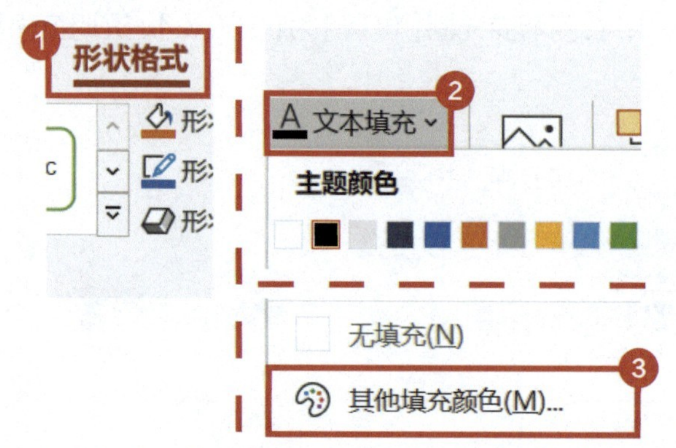

3 在弹出的【颜色】对话框中，选择【自定义】选项卡，将颜色模式改为【RGB】，并分别设置【红色】【绿色】【蓝色】的数值为“39”“242”“241”，单击【确定】按钮。

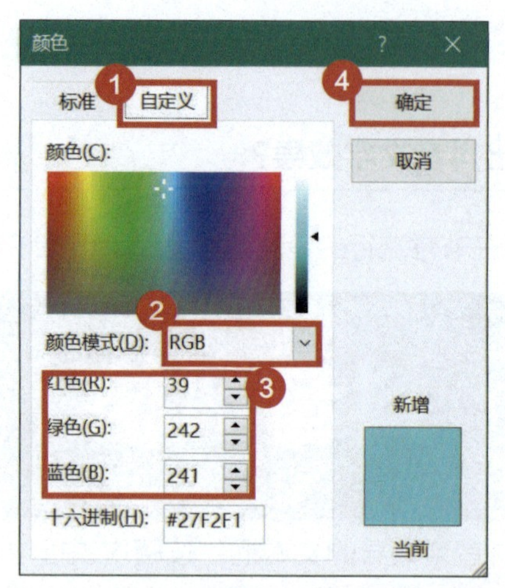

4 选中复制出的第一个文本框，重复步骤2和步骤3的操作，注意将【红色】【绿色】【蓝色】的数值分别设置为“255”“25”“85”。

5 选中复制出的第二个文本框，在【形状格式】选项卡的功能区中单击【文本填充】图标，在弹出的菜单中选择【白色】命令。

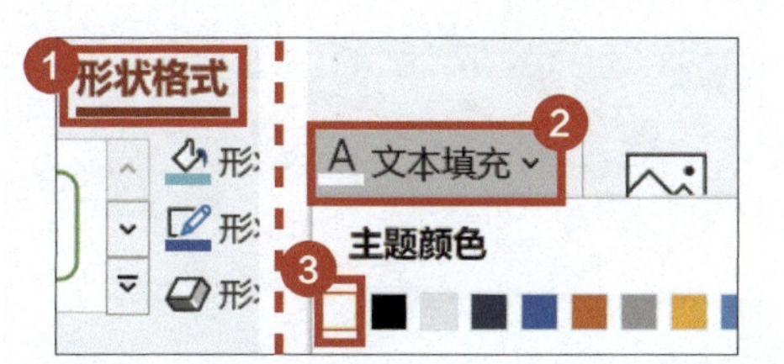

6 右键单击页面空白处，在弹出的菜单中选择【设置背景格式】命令，在【设置背景格式】窗格中的【填充】组选择【纯色填充】选项，然后修改【颜色】为【黑色】。

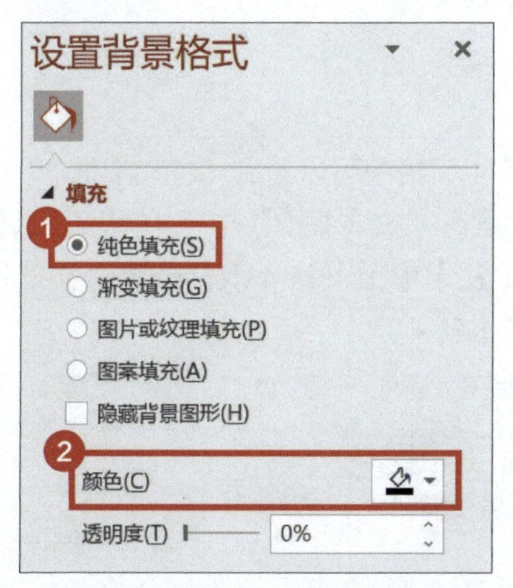

7 框选所有文本框，在【形状格式】选项卡的功能区中单击【对齐】图标，并依次选择【水平居中】和【垂直居中】选项。

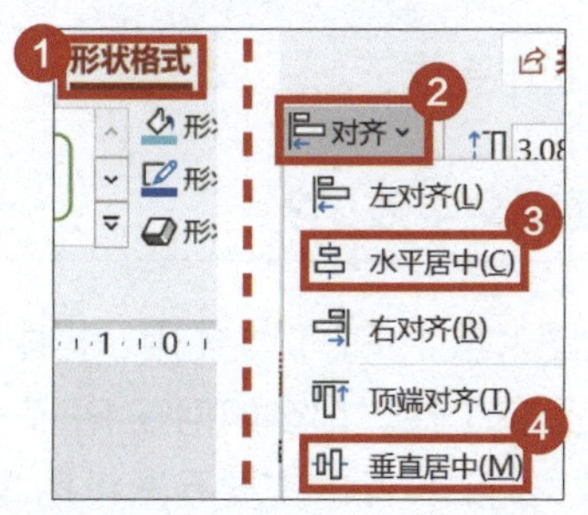

8 在【开始】选项卡的功能区中单击【排列】图标，在弹出的菜单中选择【选择窗格】命令。

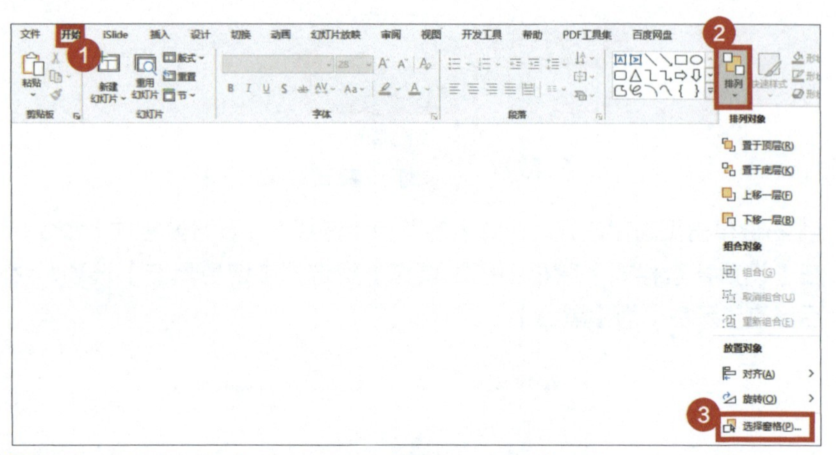

9 在弹出的【选择】窗格中可以看到，“文本框 1”位于最底层，“文本框 3”位于最顶层，“文本框 2”位于中间层。选择“文本框 1”，按键盘方向键的【左】【上】各 4 次；选择“文本框 2”，按键盘方向键的【右】【下】各 4 次。

抖音风格文字就制作完成了。

04 如何制作镂空文字效果?

想把一张好看的图片放入 PPT 中使用，搭配镂空的文字效果是最合适的，显得既高级又有个性。那么如何在 PPT 中制作镂空文字呢?

1 在制作镂空文字效果时，页面的主要元素包括 3 个，最底层是图片，然后是形状，最顶层是文字。首先要调整好各元素的位置。

2 按住【Ctrl】键，依次单击选择形状、文字。

3 在【形状格式】选项卡的功能区中单击【合并形状】图标，在弹出的菜单中选择【剪除】命令，镂空文字效果就制作完成了。

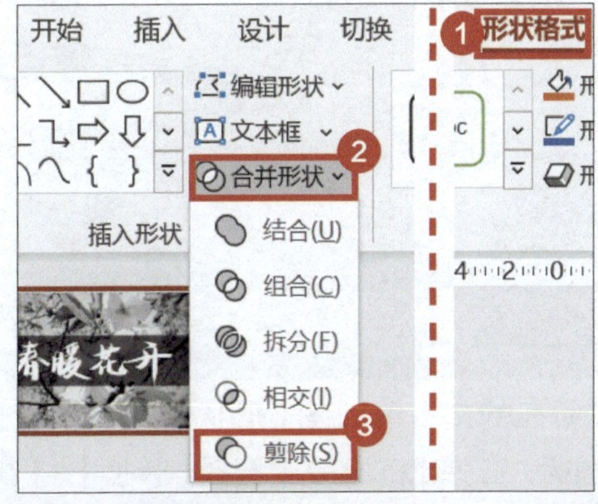

此外，我们还可以将底层的图片换成视频，就能做出动态的镂空文字效果。

05 如何制作有三维透视感的文字效果？

将文字三维旋转后摆放在道路上，空间感立刻就出来了，这样的文字展示效果与图片结合得更加自然。如何对文字进行这样的三维旋转呢？

1 单击选中文本所在的文本框，在【形状格式】选项卡的功能区中单击【文本效果】图标，在弹出的菜单中选择【转换】-【梯形：正】命令。

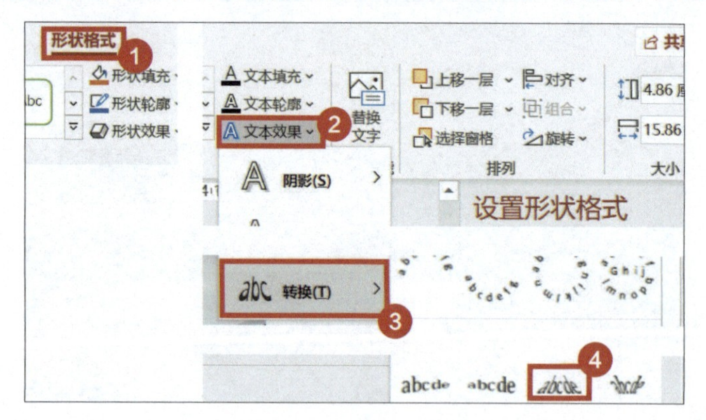

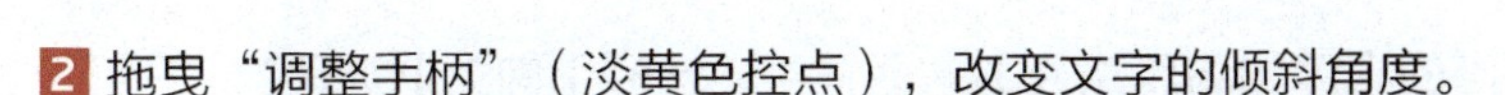

2 拖曳“调整手柄”（淡黄色控点），改变文字的倾斜角度。

3 根据道路形状，进一步调整文字的大小、位置和倾斜角度，便可以实现把文字铺在道路上的效果。

这里主要用到了【文本效果】中【转换】效果中的一种。转换效果还有很多，搭配不同的应用场景可以做出更多好看的设计，大家多多尝试。

06 如何在 PPT 中做滚动字幕？

利用滚动字幕效果可以在播放音乐时显示歌词，或者展示项目的团队分工等。这种滚动字幕效果只需要简单几步就可以设计出来。

1 选中字幕所在的文本框，在【动画】选项卡的功能区中单击【添加动画】图标，在弹出的菜单中选择【其他动作路径】命令。

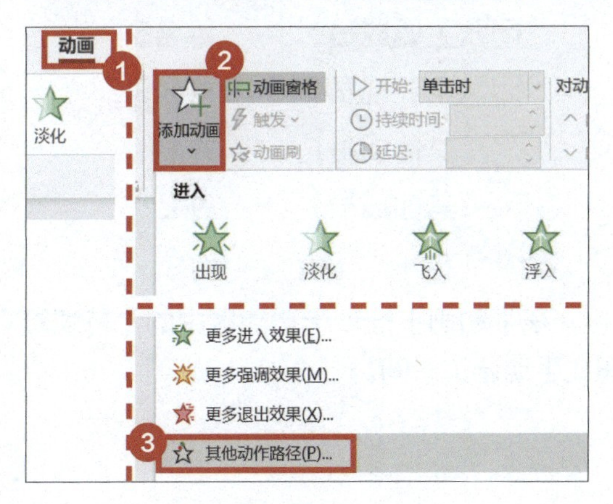

2 在弹出的【添加动作路径】对话框中，选择【向上】选项。

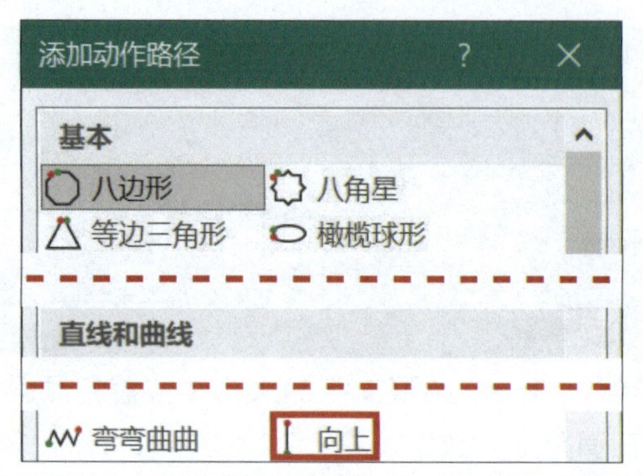

3 完成上一步设置后，文本框上将出现两个圆圈，其中绿色圆圈代表动画的起始位置，红色圆圈代表动画的结束位置。选中对应圆圈，通过调节圆圈的位置来改变动画的始末位置。

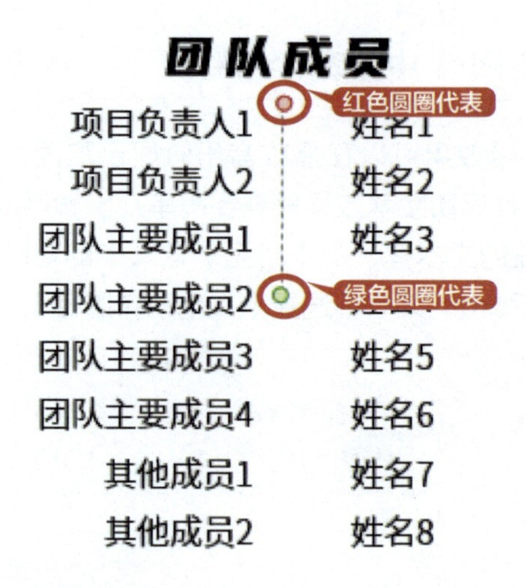

4 选中文本框，在【动画】选项卡功能区中的【持续时间】输入框中使用上下按钮或手动调整时间。

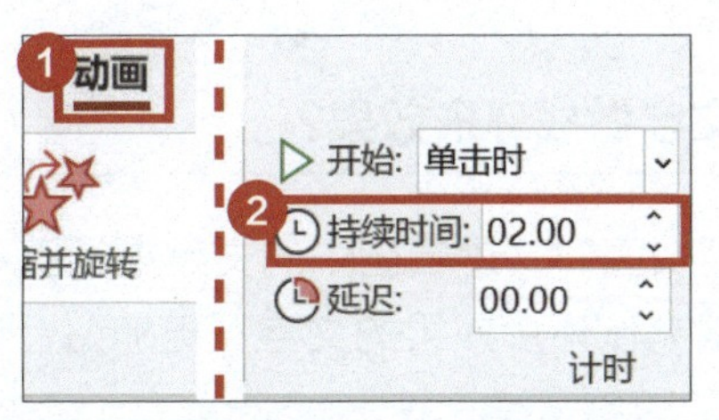

5 在【动画】选项卡的功能区中单击【动画】组右下角的扩展按钮。

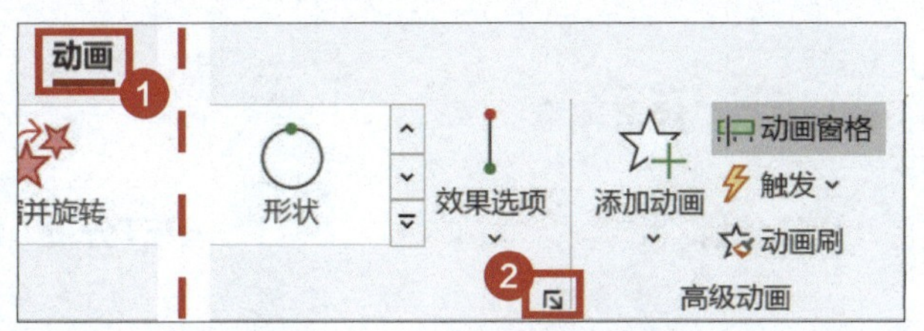

6 在弹出的【向上】对话框中，拖曳【平滑开始】和【平滑结束】的滑块，可以调节动画平滑度。如果希望字幕匀速滚动，将【平滑开始】和【平滑结束】时间均设置为“0”。最后单击【确定】按钮。

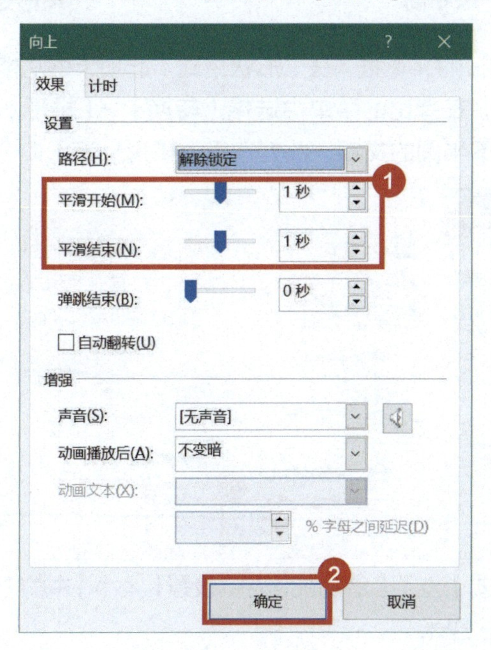

07 如何将文字做成环形效果？

在制作环形逻辑图时，逻辑图中的文字如果直接摆放，会显得非常生硬，可以尝试制作环形效果的文字，更加贴合逻辑表达。这样的效果该怎么制作呢？

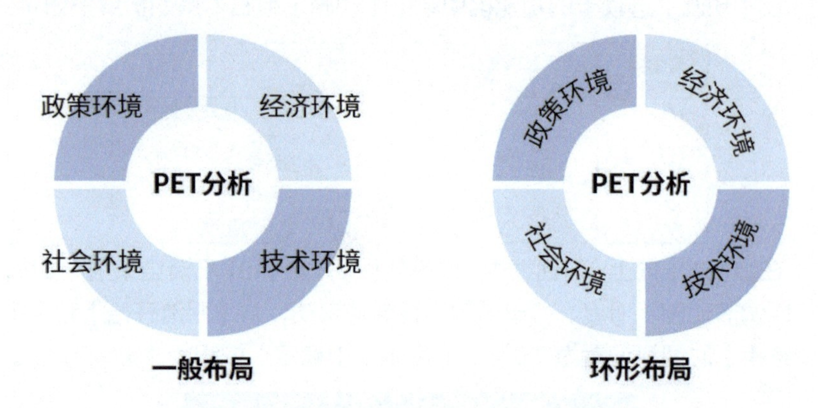

1 选中文本所在的文本框，在【形状格式】选项卡的功能区中单击【文本效果】图标，在弹出的菜单中选择【转换】-【拱形】命令。此处需要注意，对于下半圆的文字，此处选择【拱形：下】命令。

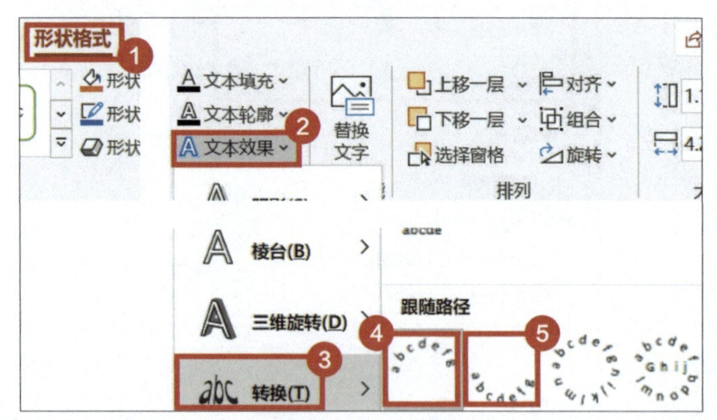

2 在【形状格式】选项卡的功能区中，设置【大小】中的“长和宽”一致，如均设置为“5 厘米”。

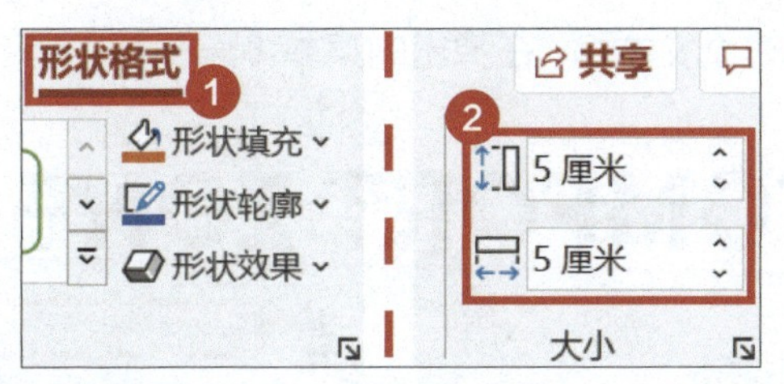

3 转动文本框的“旋转手柄”，将文字旋转至与环形相适应的位置。

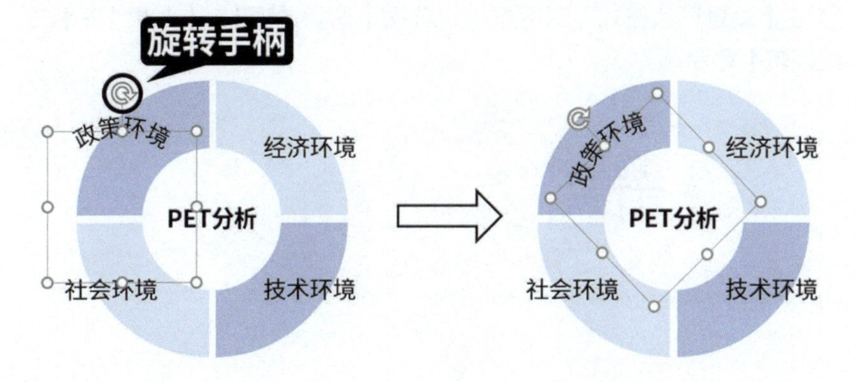

08 如何制作综艺款立体文字?

在很多综艺节目中，比较常用的设计是通过对文字进行立体化旋转，构建一个三维空间。如何制作这种立体文字效果呢?

1 右键单击第一个文本框，在弹出的菜单中选择【设置形状格式】命令。

2 在【设置形状格式】对话框中，选择【形状选项】-【效果】-【三维旋转】命令。

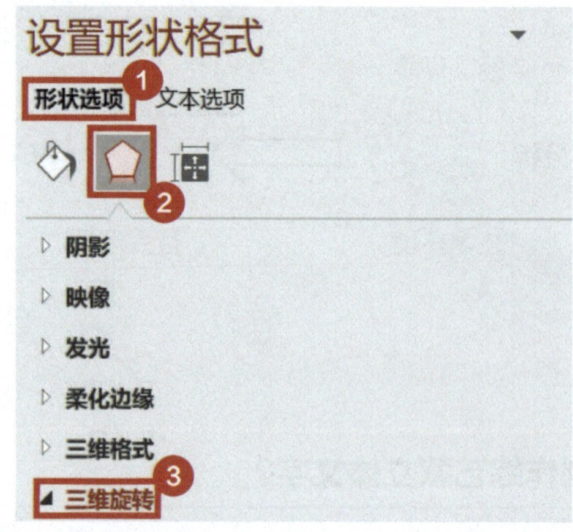

3 在【三维旋转】面板中单击【预设】按钮，在弹出的菜单中选择【角度】组中的【透视：前】命令。

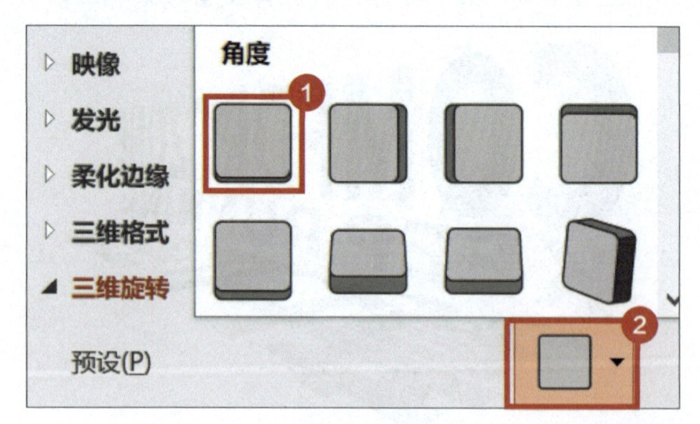

4 设置【三维旋转】中的参数如下图所示。第一组文本的立体效果设置完成。

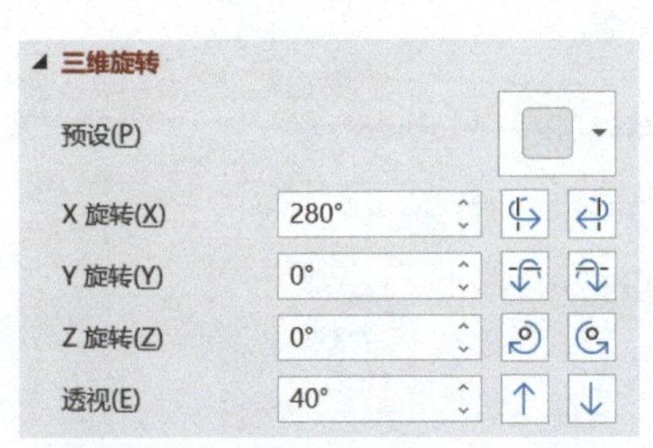

5 对于第二组文本，重复步骤1到步骤4的操作，在步骤4中设置【三维旋转】中的参数如下图所示。

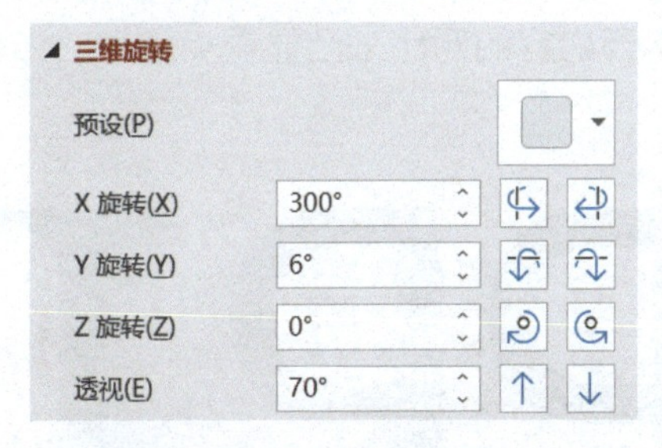

6 第三个文本框设置在底层，重复步骤1到步骤4的操作，在步骤4中设置【三维旋转】中的参数如下图所示。

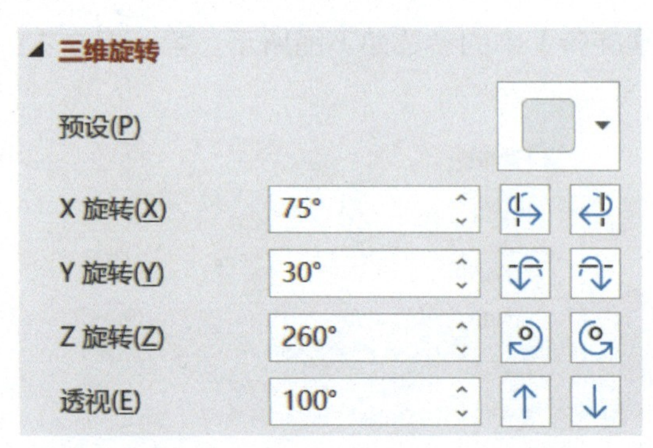

完成以上步骤后，移动几个文本框的位置，调整文字大小，空间感超强的文字效果就制作完成了。

09 如何制作文字云效果?

文字云效果可以运用在许多场合，既可以展示信息的数量多，也可以通过调整文字云内容的对比来凸显重点信息。如何在 PPT 中制作文字云效果呢?

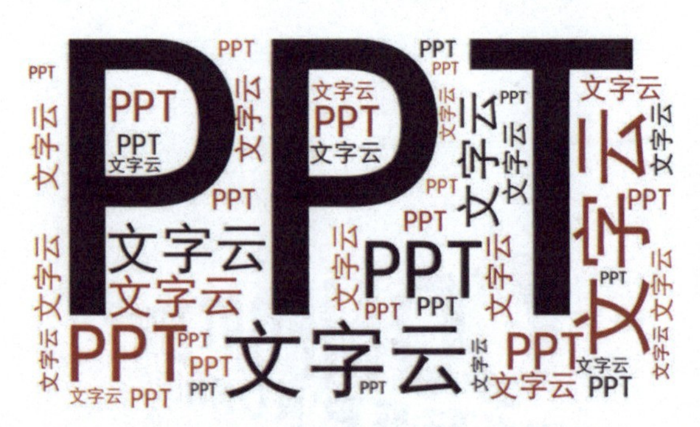

1 用 PPT 制作文字云需要使用“PA 口袋动画”插件。首先，通过百度网搜索并下载安装“PA 口袋动画”插件。

2 安装插件后在【口袋动画 PA】选项卡的功能区中单击【文字云】图标，在弹出的菜单中选择【文字云】命令。

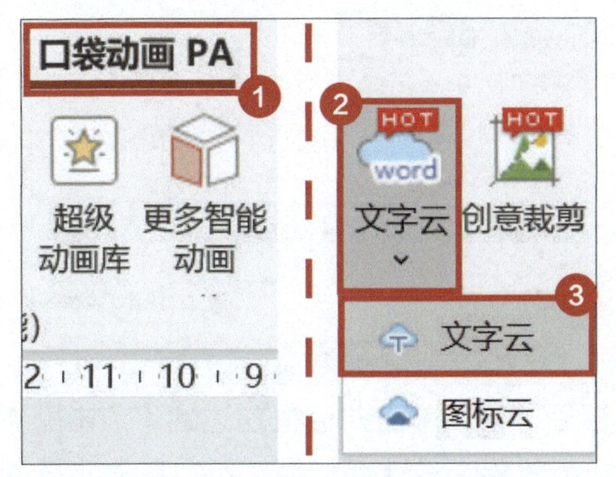

3 在【文字云】对话框的【云形状】选项卡中选择一种文字云的形状，或通过【自定义形状】上传图片或形状。

4 在【词云内容】选项卡中依次输入文字云中的文案，并确定各个文案的强调次数。也可以通过单击【TXT 文件】按钮直接导入文案内容。

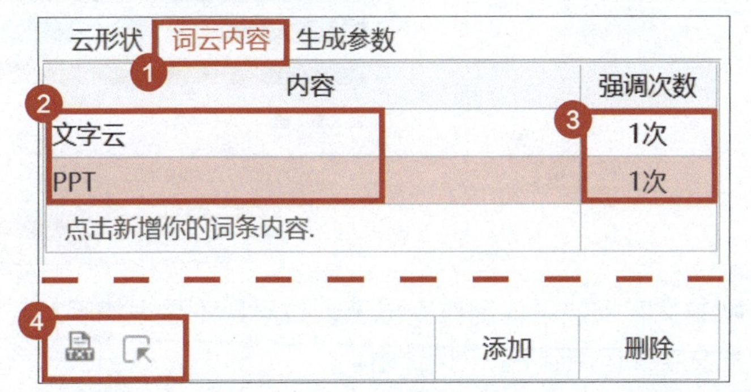

5 在【生成参数】选项卡中，可以设置文案内容是否重复、是否设置旋转角度、文字云动画选项、文字的字体字号、文字云的配色等属性。

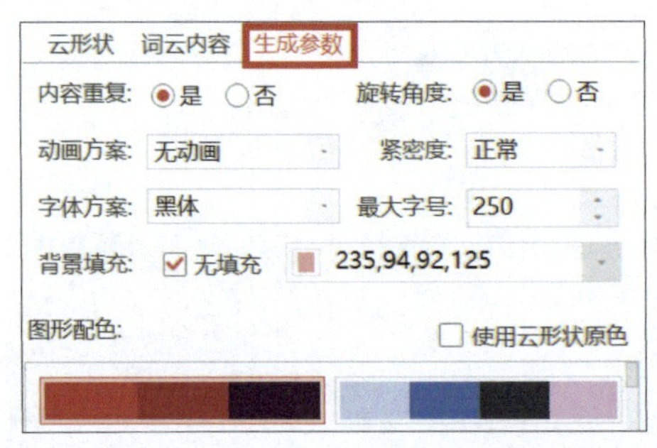

6 完成以上设置后，可以单击对话框左边的【点击刷新预览图】按钮查看文字云的预览效果。设计完成后，可以单击【插入图片】按钮，以图片形式插入文字云；或者单击【可编辑图形】按钮，以分离的文本框形式插入文字云。

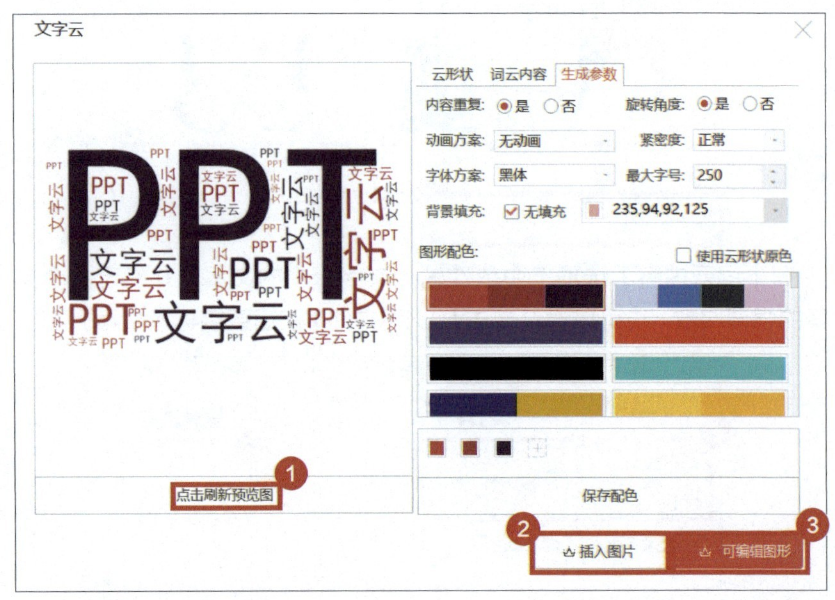

炫酷的文字云效果就制作完成了，效果是不是很棒呢？赶紧尝试一下，把文字云运用到PPT设计中。

10 如何将人像素材与字体相结合?

文字的设计其实还可以结合图像的内容进行调整，尤其是在具备人像的图片中，可以做出人像与文字相结合的效果。

1 首先，将文字摆放到合适的位置，让文字与人物之间存在相交的部分。

2 右键单击第一个文本框，在弹出的菜单中选择【设置形状格式】命令。在【设置形状格式】面板中，选择【文本选项】-【文本填充与轮廓】，并设置【文本填充】中的透明度为“50%”。

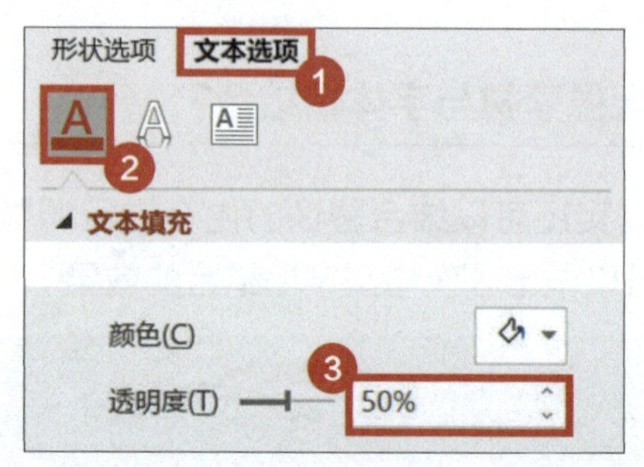

3 按住【Ctrl】键的同时鼠标滚轮向前滚动，放大和移动画面至人像与文字的相交处。在【插入】选项卡的功能区中单击【形状】图标，在弹出的菜单中选择【任意多边形：形状】命令。

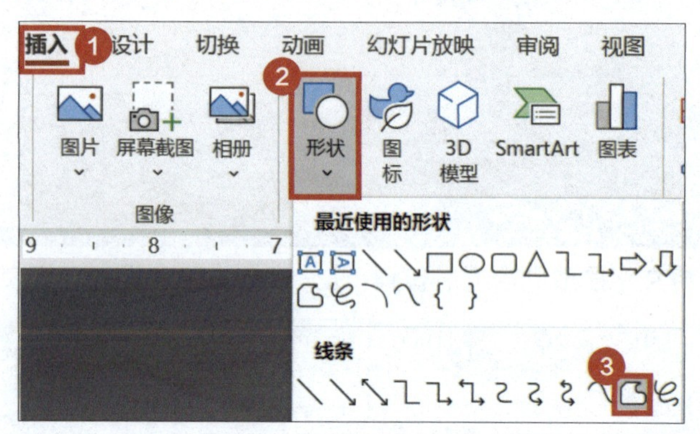

4 沿着人像边缘单击绘制出一个任意多边形，覆盖人物与文字的相交部分。

5 按住【Ctrl】键，然后依次单击选中文字和任意多边形，在【形状格式】选项卡的功能区中单击【合并形状】图标，在弹出的菜单中选择【剪除】命令。

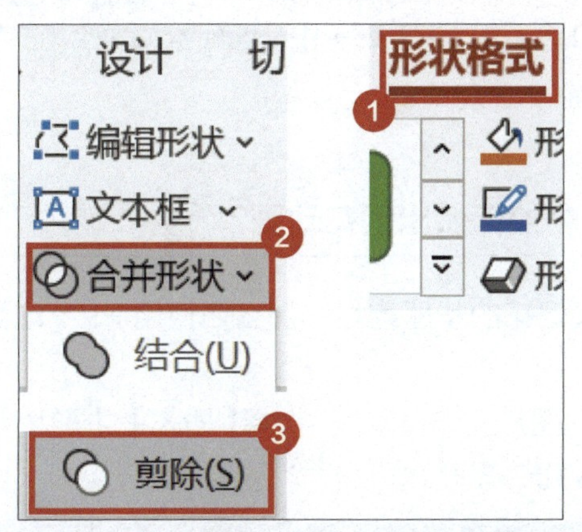

6 右键单击文本（此时已经变为一个形状），在弹出的菜单中选择【设置形状格式】命令，在【设置形状格式】窗格中单击【形状选项】选项卡，在【填充】组中选择【纯色填充】选项，将【透明度】设置为“0%”。

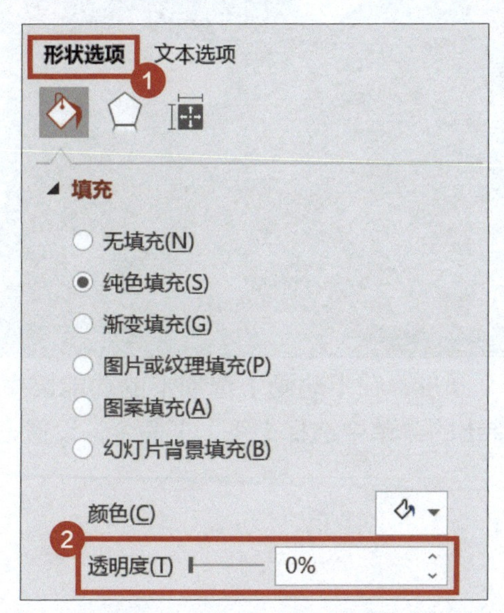

通过以上操作，人像与文字相结合的效果就制作完成了。

3.2 PPT 的炫酷动画特效

本节主要涉及 PPT 中动画的制作技巧，读者学会并利用本节介绍的各种技巧，在今后的 PPT 展示中，能轻松成为全场的焦点。

01 PPT 中如何做出烟花动画?

我们常感叹烟花的华丽绚烂，那么如何用 PPT 动画制作烟花绽放的效果呢?

1 找一张夜空的图片当作背景图，选择【插入】-【形状】-【椭圆】命令，在背景图上插入几个圆形。

2 选中其中一个圆形，在【动画】选项卡的功能区中单击【添加动画】图标，在弹出的菜单中选择【飞入】命令，设置【持续时间】为“00.25”。

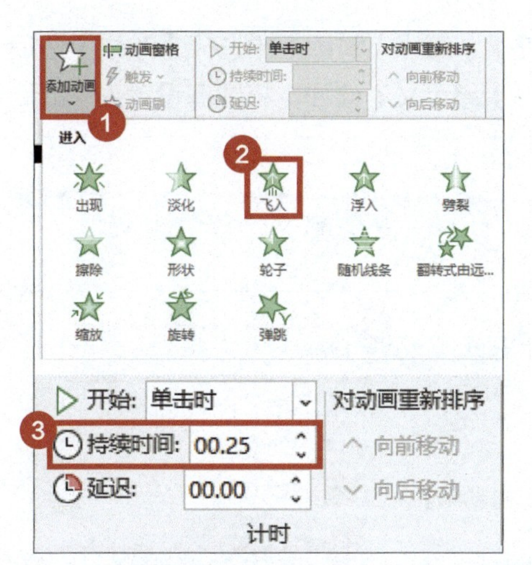

3 在【动画】选项卡的功能区中单击【添加动画】图标，在弹出的菜单中选择【放大/缩小】命令，选择【动画窗格】选项。

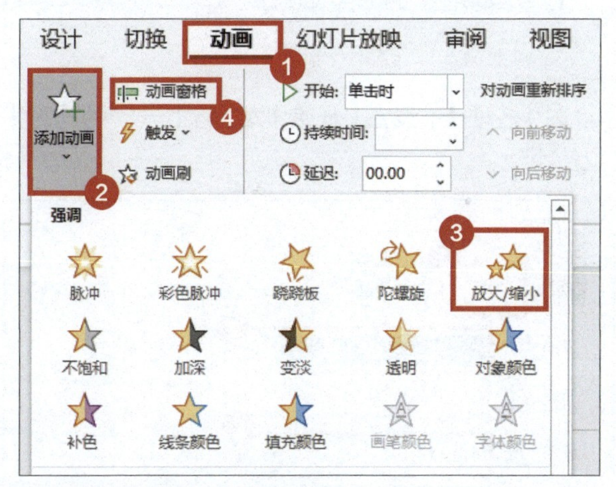

4 双击【动画窗格】中的第二个动画。

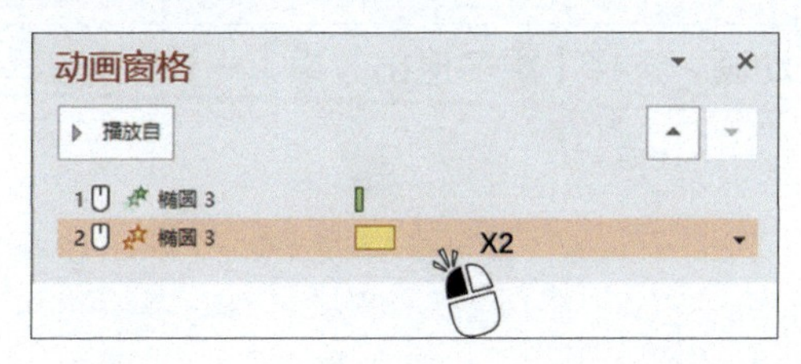

5 在弹出的【放大 / 缩小】对话框中选择【效果】选项卡，在【尺寸】下拉列表中选择【自定义】选项，将数值设置为“150%”。

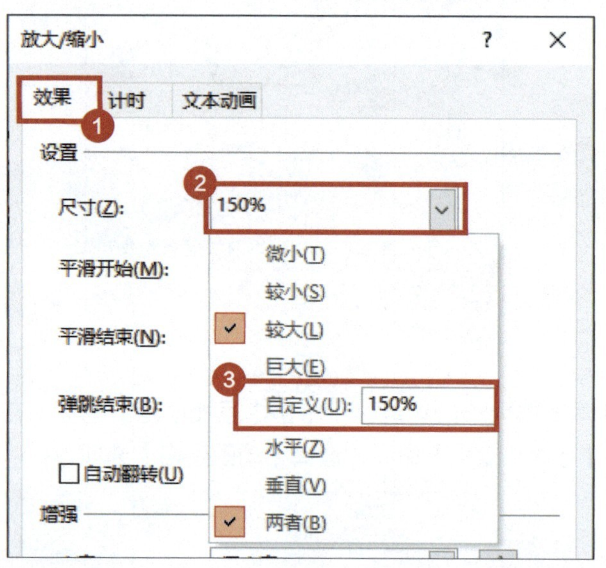

6 切换到【计时】选项卡，设置【开始】为【与上一动画同时】，设置【期间】为“1.25 秒”。

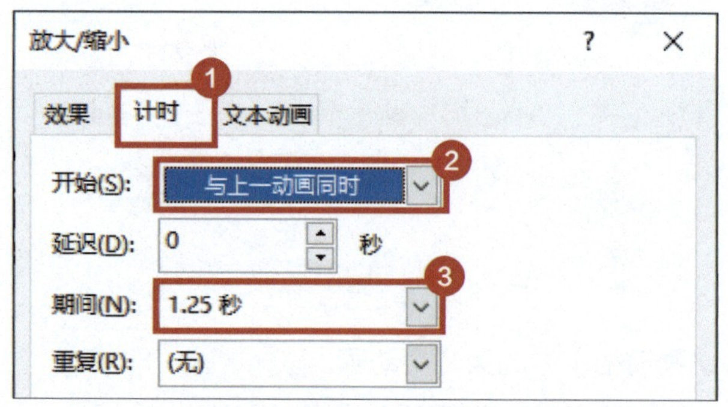

7 再添加一个动画，选择【更多退出效果】-【向外溶解】命令。

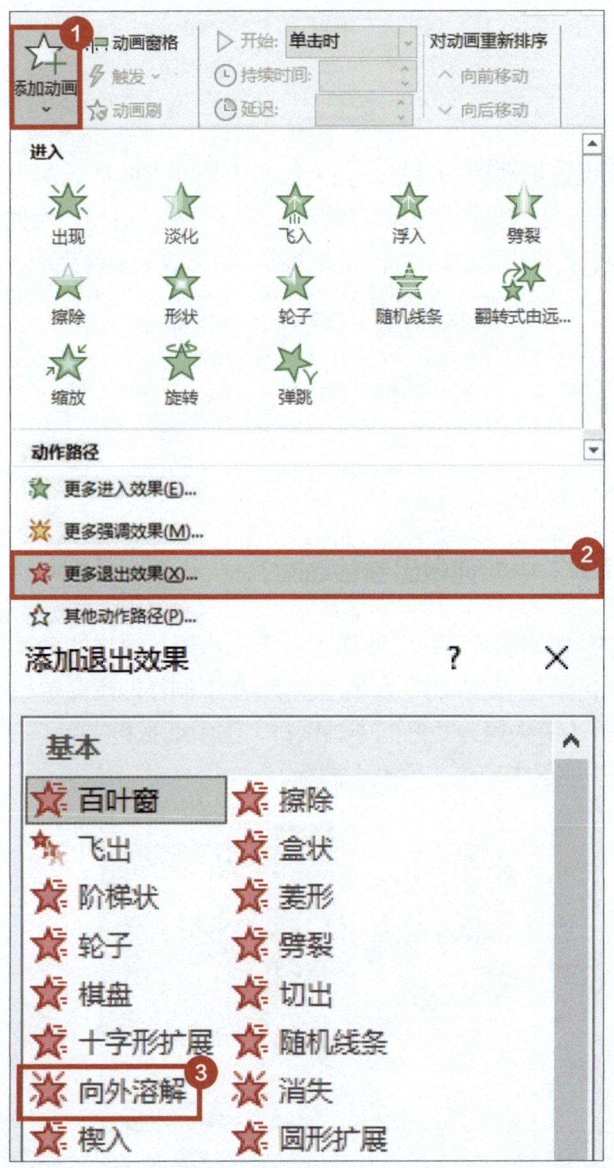

8 在【动画】选项卡的功能区中将【开始】设置为【与上一动画同时】，【持续时间】设置为“01.25”，【延迟】设置为“00.25”。

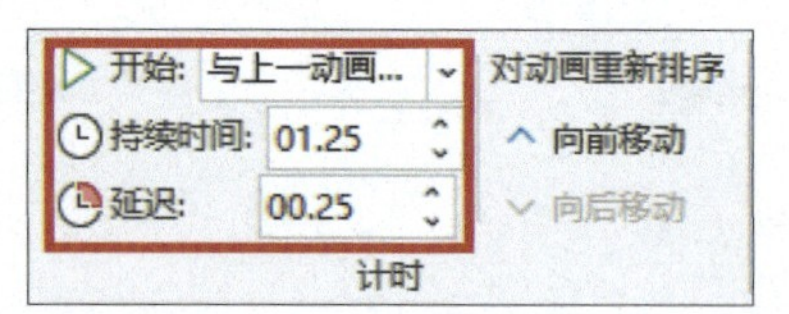

9 选中刚设置好动画的圆形，在【动画】选项卡的功能区中双击【动画刷】图标，给其他的圆形都复制动画属性，然后每组动画的【开始】都设置为【上一动画之后】，播放动画，烟花效果制作完成！

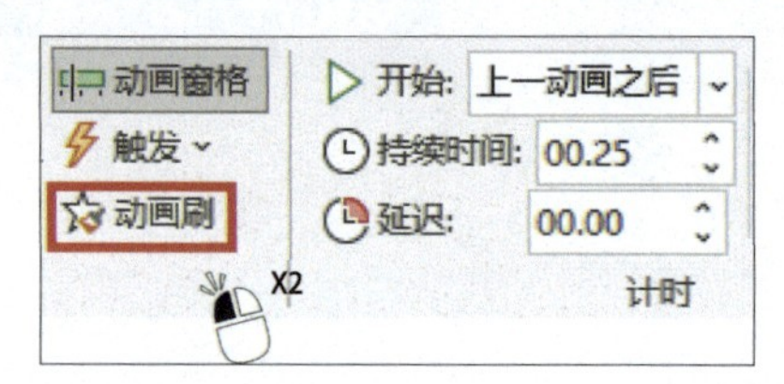

02 PPT 中如何做出卷轴动画?

卷轴从中间徐徐展开，呈现出水墨山水画，这样的动画效果是不是非常有中国风的韵味呢？卷轴动画用 PPT 制作非常简单！

1 首先在 PPT 中插入找好的卷轴素材，选中纸张和文字，在【动画】选项卡的功能区中单击【劈裂】图标。

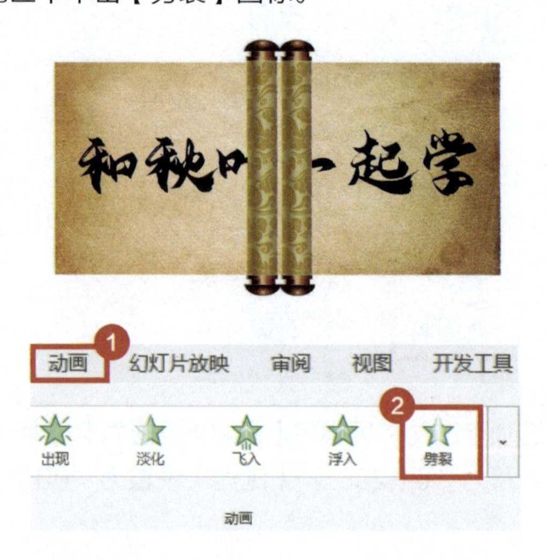

2 在【动画】选项卡的功能区中单击【效果选项】图标，在弹出的菜单中选择【中央向左右展开】，将【开始】时间设置为【与上一动画同时】，将【持续时间】设置为“00.50”。

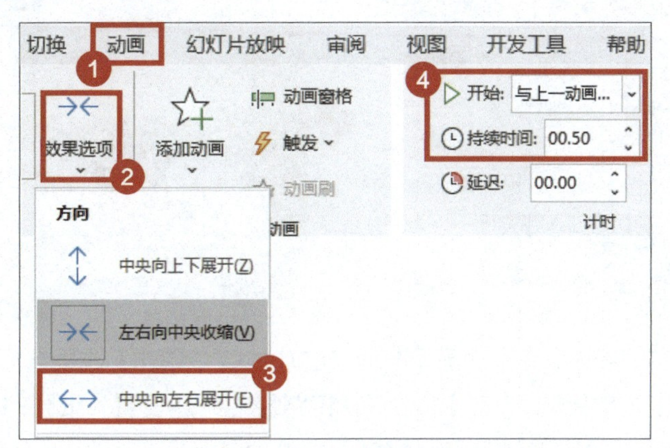

3 单独选中文本框，在【动画】选项卡的功能区中设置【延迟】为“00.50”。

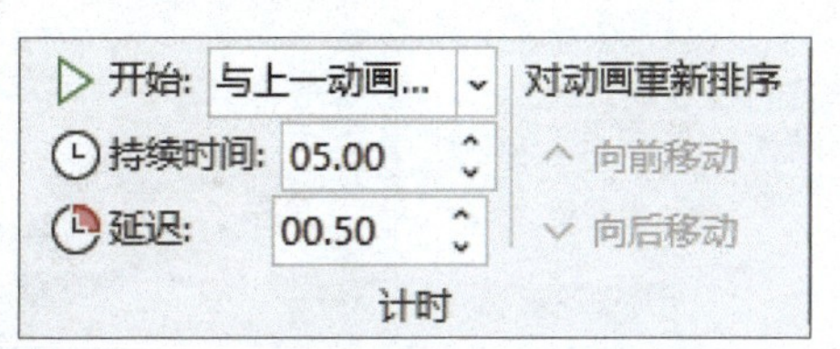

4 选中位于左侧的卷轴，在【动画】选项卡的功能区中单击【添加动画】图标，在弹出的菜单中选择【直线】命令。

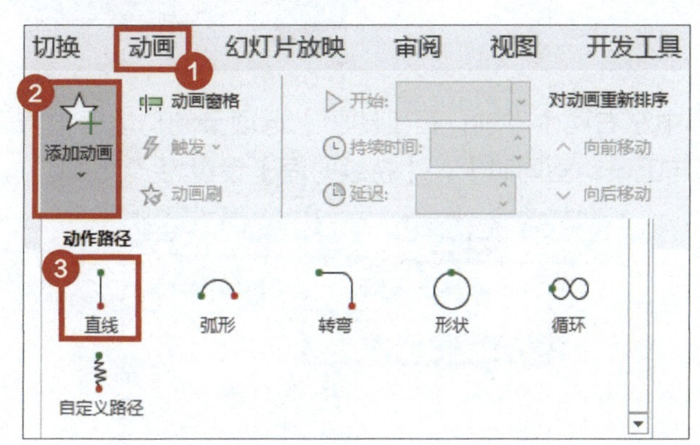

5 在【动画】选项卡的功能区中单击【效果选择】图标，在弹出的菜单中选择【靠左】命令，并将路径的终点设置为纸张的最左侧。

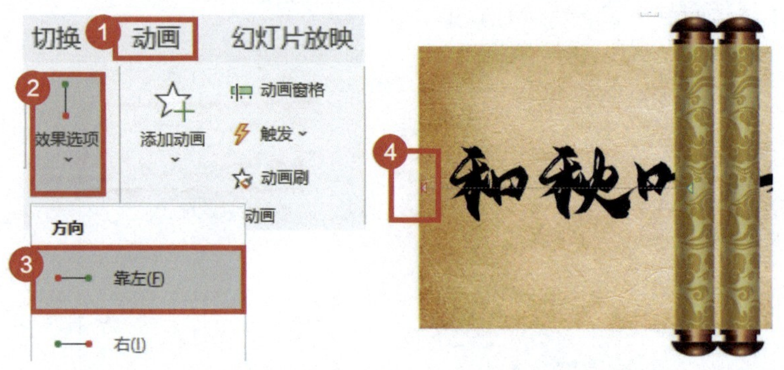

6 选中右侧卷轴，在【动画】选项卡的功能区中单击【效果选项】图标，在弹出的菜单中选择【右】命令，并将路径的终点设置为纸张的最右侧。

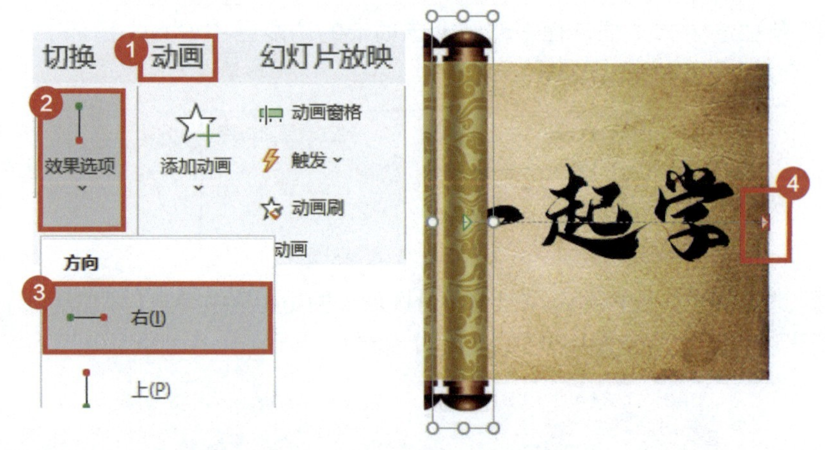

7 同时选中左右两个卷轴，在【动画】选项卡的功能区中将【开始】设置为【与上一动画同时】，【持续时间】设置为“05.00”。

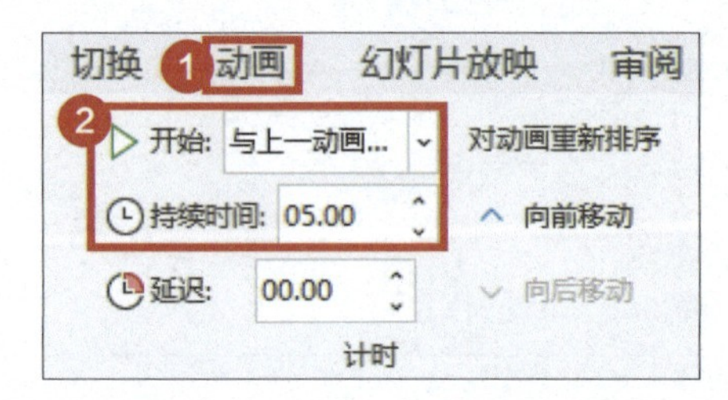

8 在【动画】选项卡的功能区中单击【预览】图标，就可以看到卷轴从中间徐徐展开了！

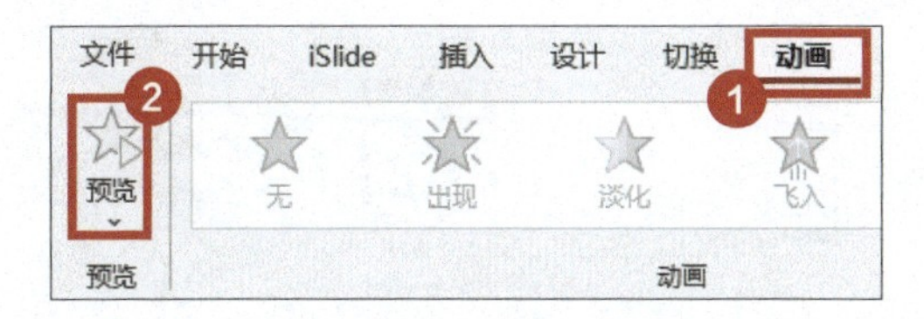

03 PPT 中如何制作动态图表？

PPT 中的图表数据千篇一律，太枯燥怎么办？那就让图表动起来吧！

1 选中图表，在【动画】选项卡的功能区中单击【添加动画】图标，在弹出的菜单中选择【进入】组的【擦除】命令。

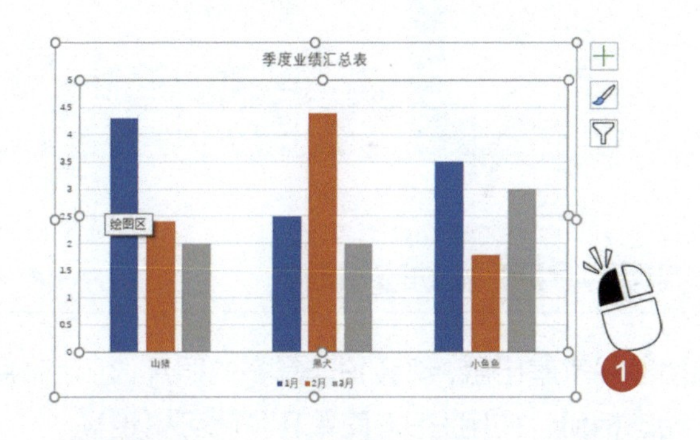

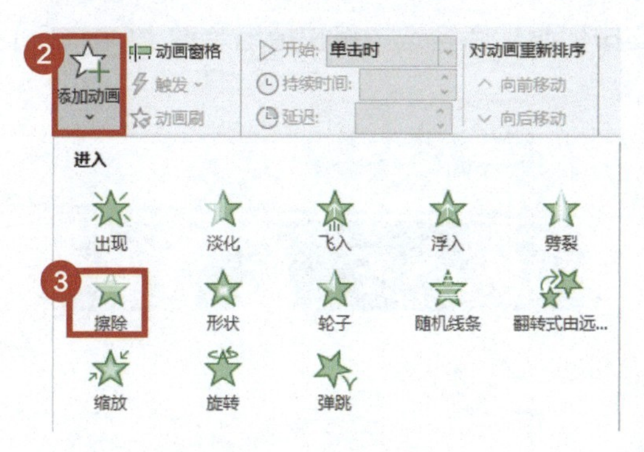

2 在【动画】选项卡的功能区中单击【效果选项】图标，在弹出的菜单中选择【按系列中的元素】命令。

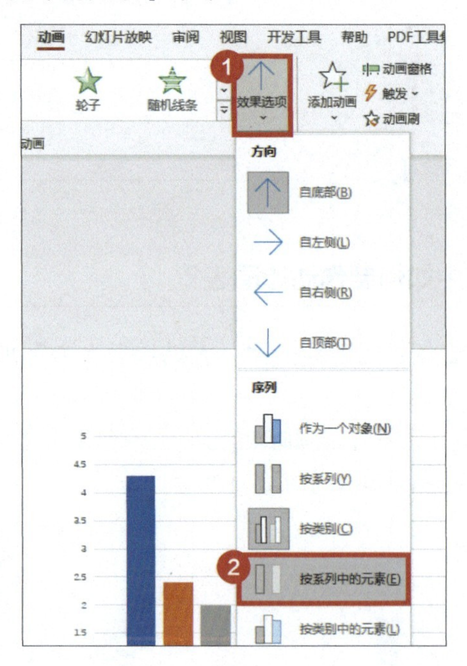

04 如何用 PPT 做动态相册?

公司团建或家庭出游，都会拍非常多的照片，想让照片完美地展示，不如做个动态相册！使用 PPT 简单几步就可搞定！

1 从左到右排列照片后全选，按快捷组合键【Ctrl+G】将其组合起来。

2 在【动画】选项卡的功能区中单击【添加动画】图标，在弹出的菜单中选择【直线】命令。

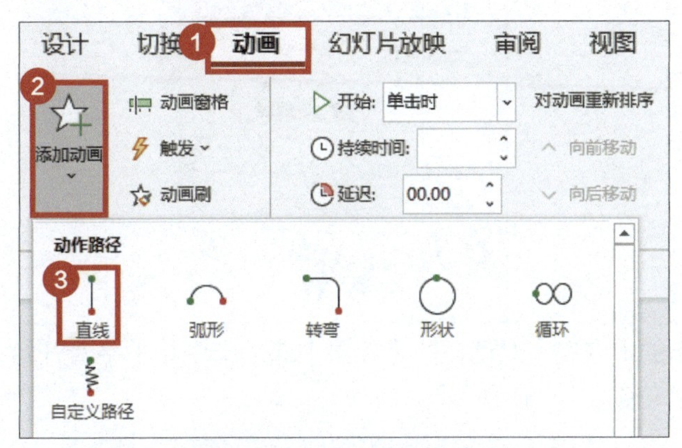

3 在功能区中单击【动画选项】图标，在弹出的菜单中选择【右】命令，拖曳路径终点到最后一张照片播放结束的位置。

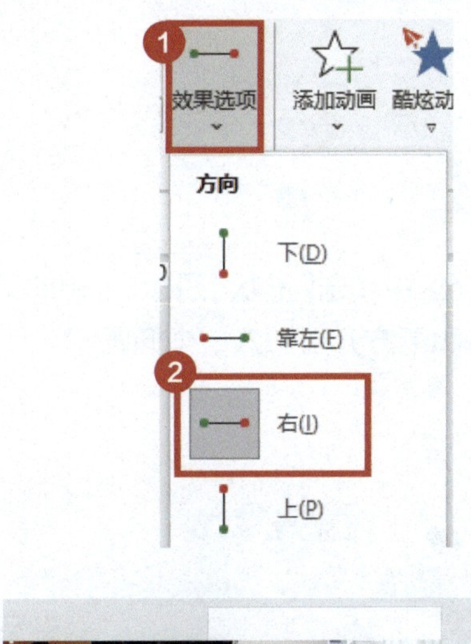

4 在【动画】选项卡的功能区中单击【动画窗格】图标打开【动画窗格】对话框。双击设置的路径动画。

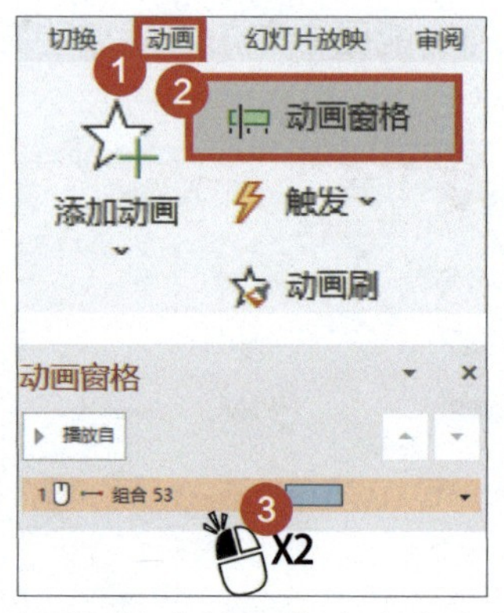

5 在弹出的【向右】对话框的【效果】选项卡中将【平滑开始】和【平滑结束】均设置为“0 秒”。

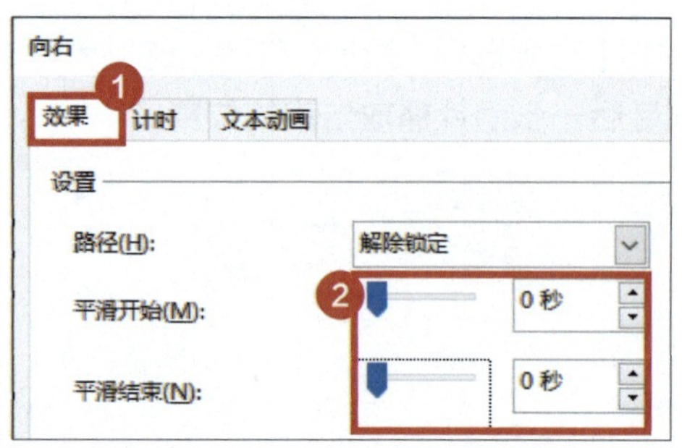

6 在【插入】选项卡的功能区中单击【形状】图标，弹出的菜单中选择【椭圆】命令，在页面的上方和下方分别插入一个椭圆。

7 右键单击椭圆，在弹出的菜单中选择【设置形状格式】命令，在【填充与轮廓】组中将【颜色】改为与背景相同的纯色填充，将【线条】设为【无线条】。

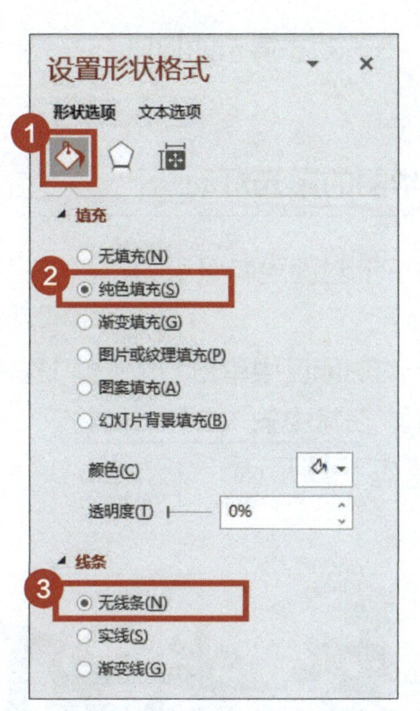

8 在【效果】组中为上方椭圆添加【偏移：下】阴影，为下方椭圆添加【偏移：上】阴影。

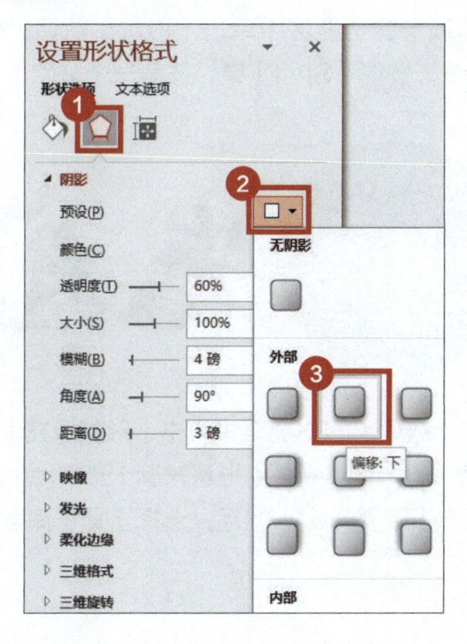

通过以上操作，一份动态展示的相册 PPT 就做好了。

05 怎样做出华丽的聚光灯动画?

想不想让你的 PPT 封面更有吸引力？直接在封面中做个聚光灯动画，让观者目不转睛！

1 在【插入】选项卡的功能区中单击【文本框】图标，单击幻灯片页面，插入一个空白文本框，在其中输入文字，如输入“聚光灯”，修改字体、字号等参数后，效果如下图所示。

2 在【插入】选项卡的功能区中单击【形状】图标，在弹出的菜单中选择【椭圆】命令，按住【Shift】键，在第一个文字上画出一个圆形。

3 在【形状格式】选项卡的功能区中单击【形状填充】图标，设置【主题颜色】为【白色 背景 1】；单击【形状轮廓】图标，设置【填充】为【无轮廓】；最后单击【下移一层】图标，选择【置于底层】命令。

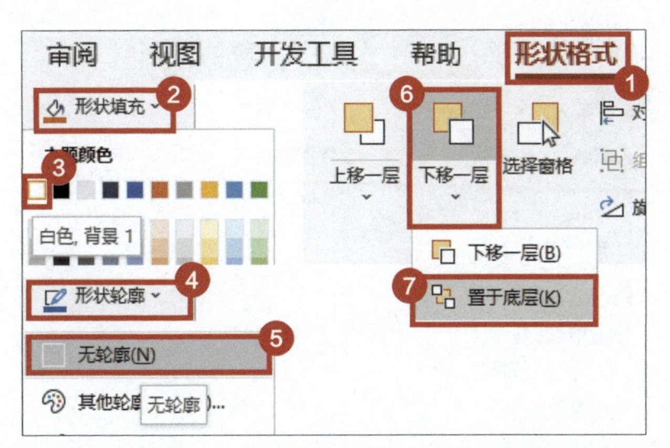

4 右键单击幻灯片画布，在弹出的菜单选择【设置背景格式】命令，在弹出的【设置背景格式】面板中选择【纯色填充】，修改填充颜色为【黑色，文字 1】。

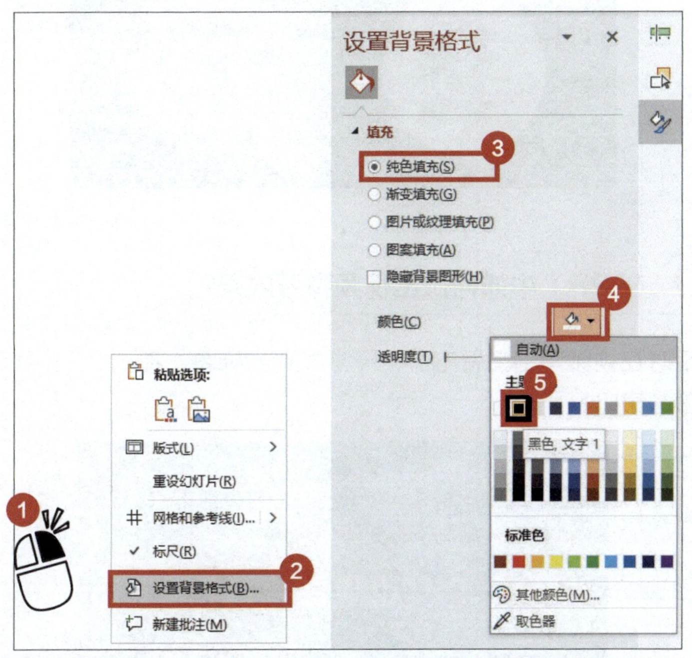

5 选中白色圆形，在【动画】选项卡的功能区中单击【添加动画】图标，在弹出的菜单中选择【直线】命令，为圆形添加【直线】路径动画。

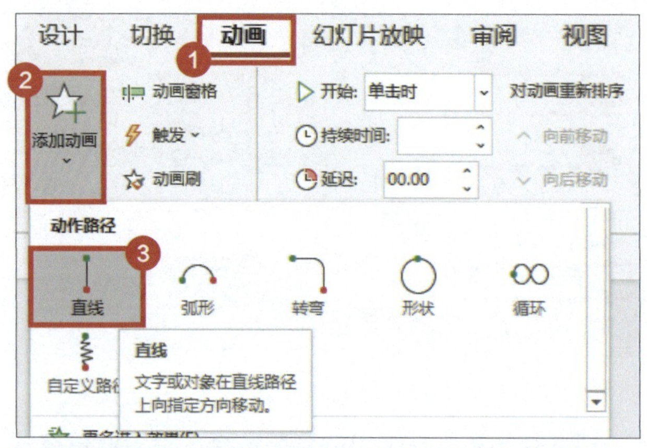

6 将动画路径终点设置到末尾文字处，聚光灯动画就做好了。

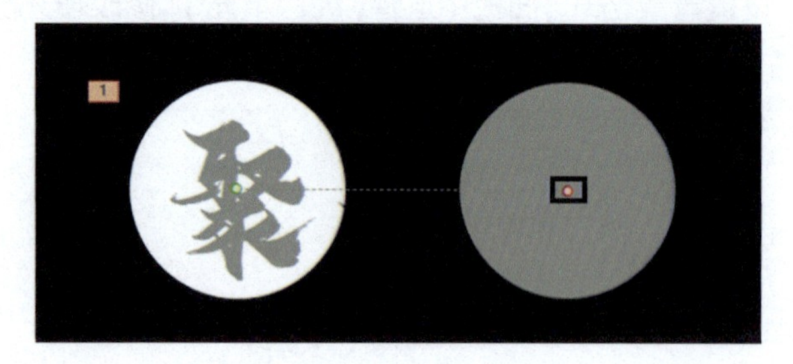

06 在 PPT 中如何做出视频弹幕效果?

平时在视频网站上看电影，经常能看到弹幕，那么 PPT 中可以做出弹幕效果吗?

1 将各个弹幕文本框放到幻灯片左边的外侧。

2 框选所有弹幕文本框，在【动画】选项卡的功能区中单击【飞入】图标，为文本框设置【飞入】动画效果，并单击【效果选项】图标，在弹出的菜单中选择【自右侧】命令。

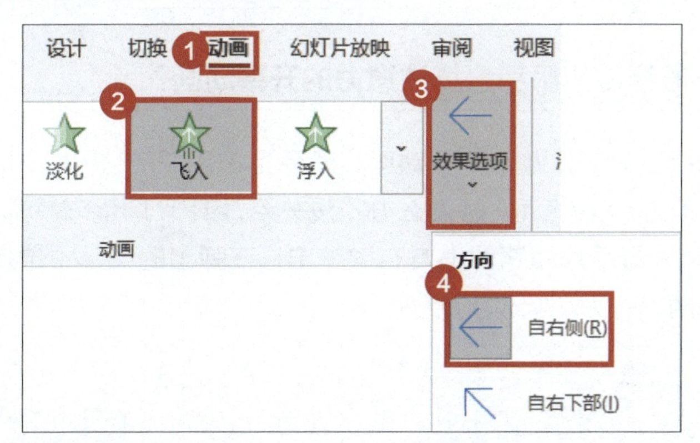

3 在【动画】选项卡的功能区中单击【动画窗格】图标，打开【动画窗格】面板，选中动画后为其统一设置【开始】为【与上一动画同时】。

4 在【动画窗格】面板中分别选中动画，为其设置不同长短的【持续时间】和【延迟】时间，如其中一个【持续时间】为“05.00”，【延迟】为“01.00”；另外一个设置【持续时间】为“03.00”，【延迟】为“01.50”，设置完成后放映幻灯片，弹幕效果就做好了！

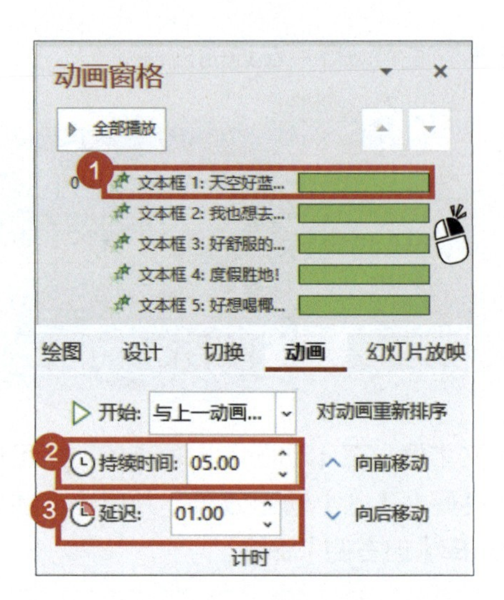

07 怎样做出吸引全场注意力的开幕动画？

活动用 PPT 想做个开幕动画，新品上市用 PPT 想做个华丽的揭幕动画，不会 After Effects 怎么办？没关系，用PPT 几步就可以实现！

1 在封面片幻灯片缩略图上方右键单击，在弹出的菜单中选择【新建幻灯片】命令，新建一页幻灯片。

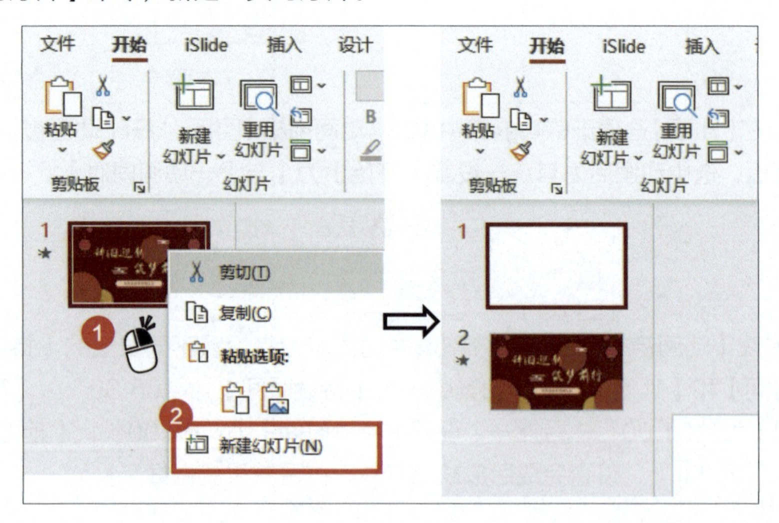

2 右键单击新建的空白幻灯片，在弹出菜单中选择【设置背景格式】命令，在右侧弹出的【设置背景格式】面板中选择【填充】组中的【纯色填充】，设置填充【颜色】为【红色】。

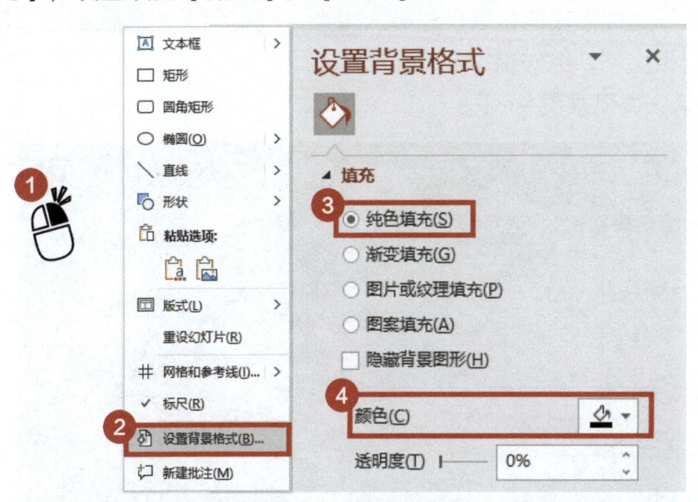

3 切换到封面页幻灯片，在【切换】选项卡的功能区中单击【切换到此幻灯片】组中的【其他】按钮，在弹出的菜单中选择【帘式】命令（如果是揭幕动画，切换方式选择【上拉帷幕】）。

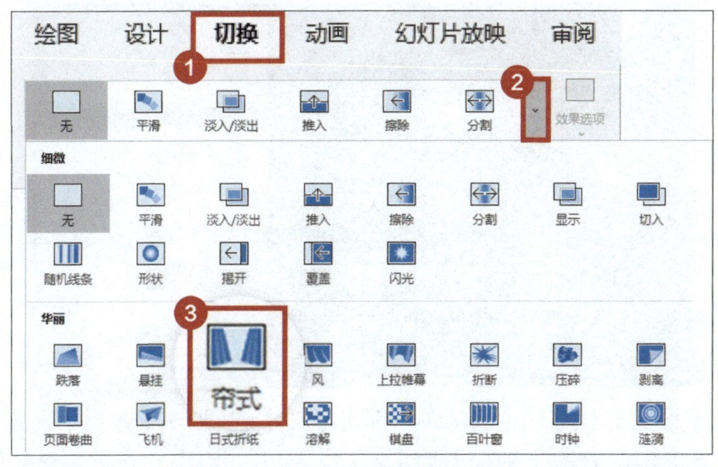

设置完成后，软件会自动进行切换效果预览，开幕动画就做完了。

08 如何在 PPT 中制作 3D 动态目录?

是不是你做出的目录页总被人嫌弃，没有创意？那就做一个 3D 动态的目录页吧，绝对赢得他人欢心！

1 准备一页目录页 PPT。

2 选中第一排文字，右键单击，在弹出的菜单中选择【设置形状格式】命令，在窗口右侧打开【设置形状格式】窗格。

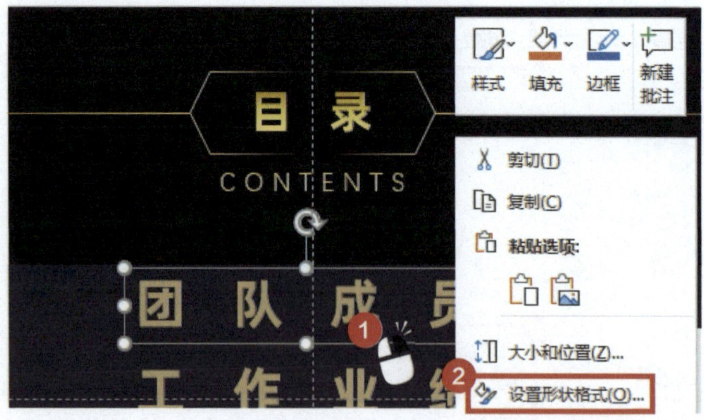

3 在【设置形状格式】窗格中，单击【文本选项】-【效果】，在【三维旋转】组中修改【预设】为【透视：前】，将【Y 旋转】参数设置为“300°”。

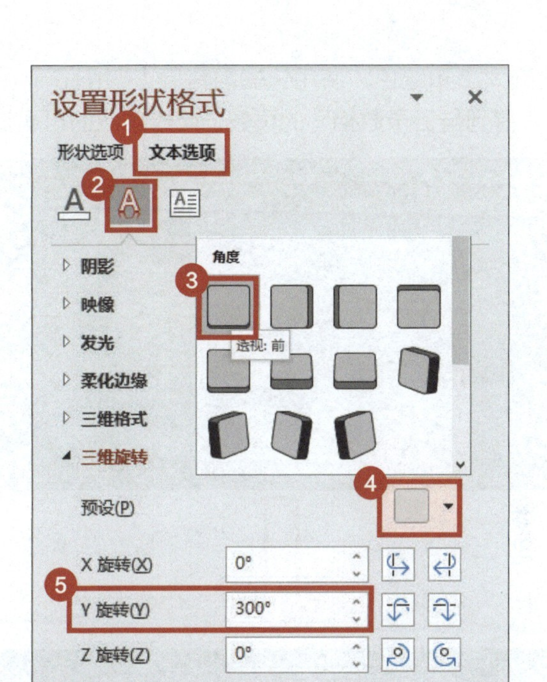

4 重复上一步操作为其他的文本框设置三维效果，不同文本框中的【Y 旋转】参数设置如下图所示。

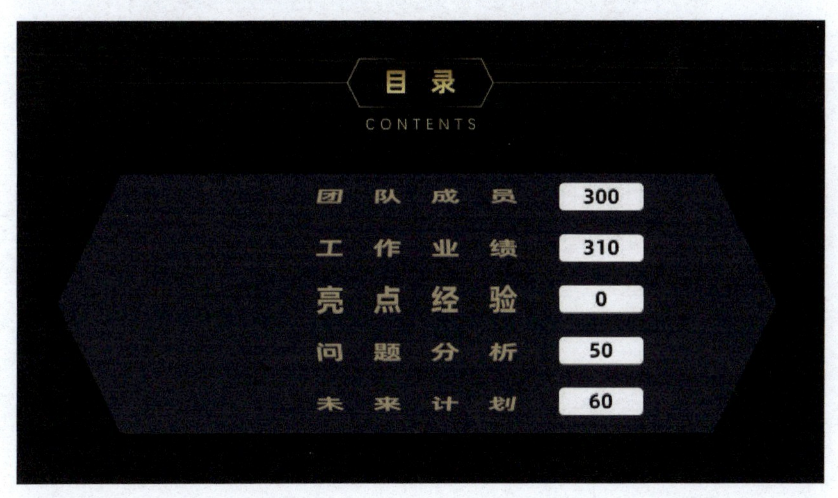

5 调整字体的大小和颜色，使用快捷组合键【Ctrl+D】将这页幻灯片复制、粘贴，得到与目录数相同的页数，修改对应的目录信息。

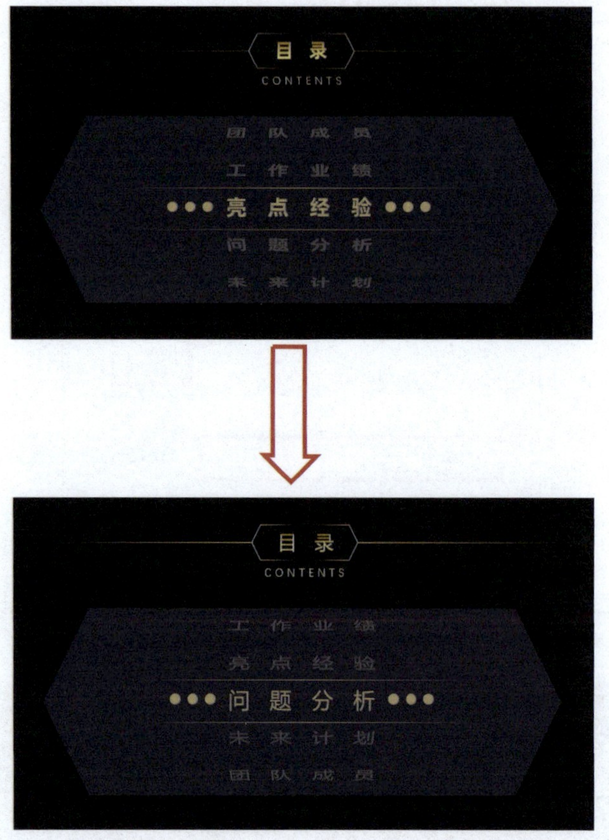

6 在左侧幻灯片缩略图中选中后4页幻灯片，在【切换】选项卡的功能区中单击【平滑】图标，为幻灯片添加【平滑】动画效果，创意3D动态目录就做好了！

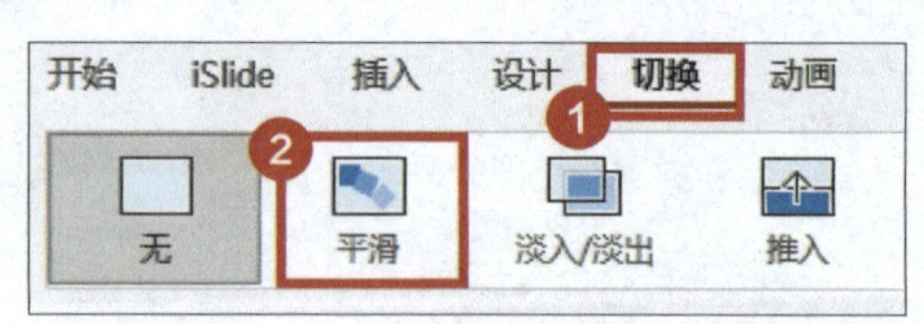

09 如何快速禁用所有动画?

在 PPT 中每页设置了很多动画，如果觉得太乱、太花哨，可以去掉所有的动画，但页数与动画项目太多，一个个删除太费时间！别担心，教你快速禁用所有的动画！

1 在【幻灯片放映】选项卡的功能区中单击【设置幻灯片放映】图标。

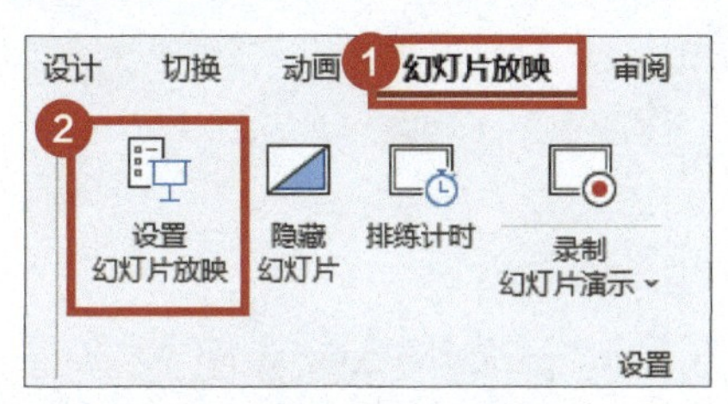

2 在【设置放映方式】对话框中选择【放映时不加动画】选项，单击【确定】按钮，这样幻灯片在放映时就不会有动画了。

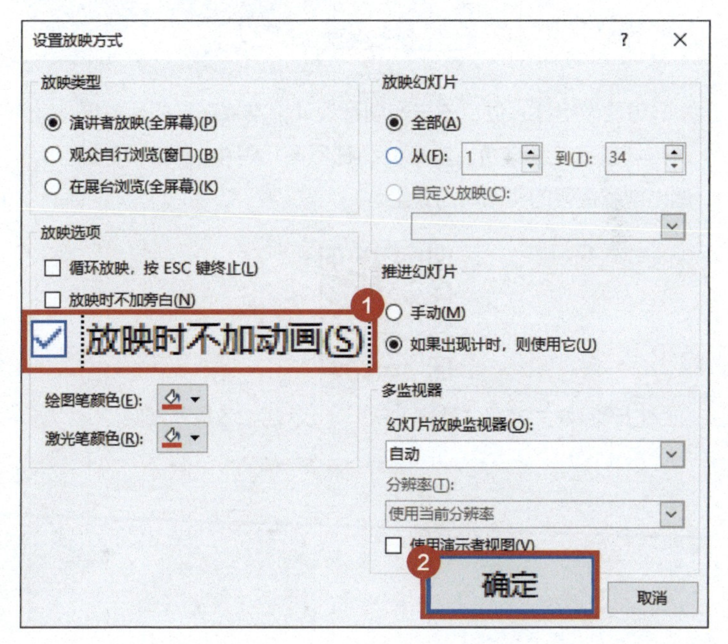

第4章 PPT创意设计

想要做出让人过目不忘的创意设计，难点在于如何将创意与场景完美地结合。本章介绍在不同场景中，用PPT打造出创意性强的实用动画效果。

扫码回复关键词“秒懂PPT”，下载配套操作视频

4.1 PPT 的创意延伸

本节主要涉及 PPT 的创意应用。除了日常汇报外，PPT 还可以延伸至邀请函、贺卡、简历等设计，甚至抽奖、投票等丰富的场景。

01 如何用 PPT 做邀请函？

一份漂亮的邀请函能给工作、生活带来很多仪式感，那么如何用 PPT 来制作一份简洁、漂亮的邀请函呢？

1 单击【插入】选项卡功能区中的【文本框】图标，在弹出的菜单中选择【绘制横排文本框】命令，新建 3 个文本框，分别输入“邀”“请”“函”3 个字，并选择一个漂亮的字体，调整文字大小和位置。

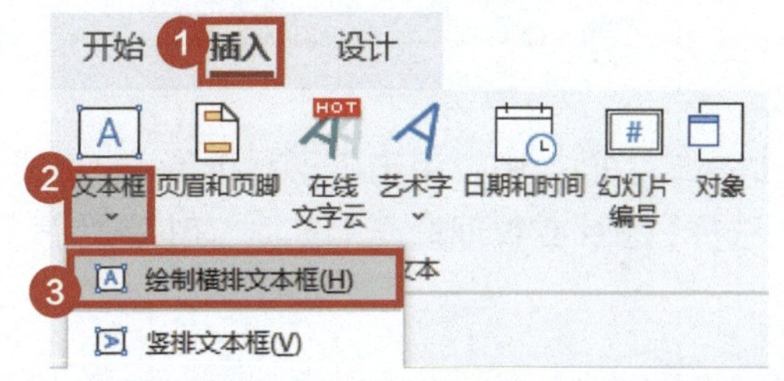

2 单击【插入】选项卡功能区中的【文本框】图标，在弹出的菜单中选择【竖排文本框】命令，输入副标题和英文，并调整文字的字体、字号和位置。

3 全选所有文本框，在【形状格式】选项卡的功能区中单击【合并形状】图标，在弹出的菜单中选择【结合】命令，这样就可以把所有文本框转换成一个形状。

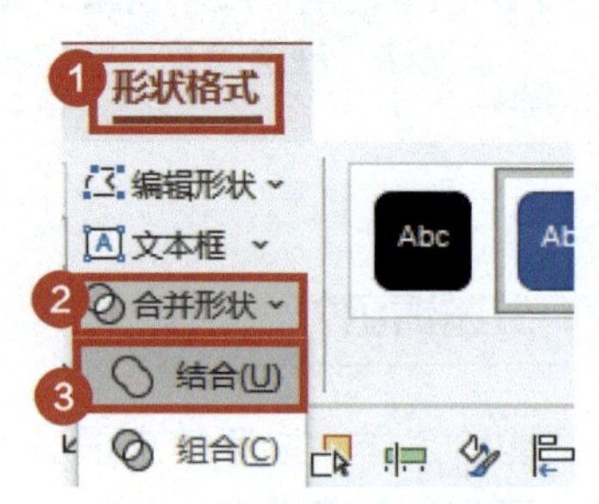

4 鼠标右键单击形状，在弹出的菜单中选择【设置形状格式】命令。

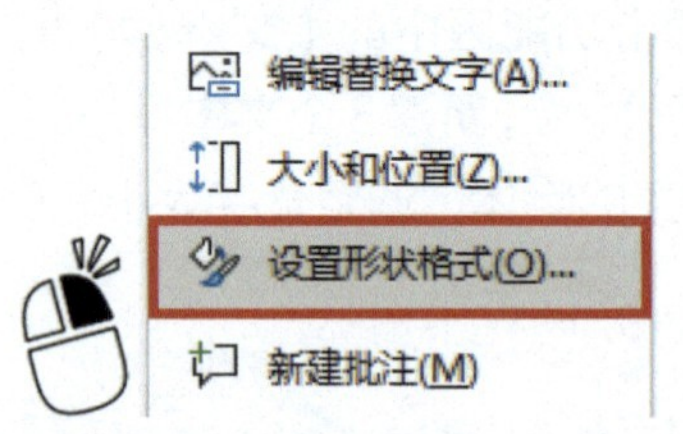

5 在【设置形状格式】面板中，单击【形状选项】-【填充与线条】，在【填充】组中选择【图片或纹理填充】选项，在【图片源】组中单击【插入】按钮。

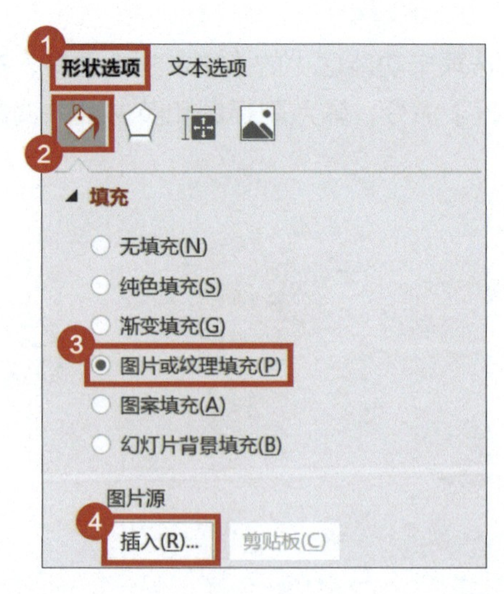

6 在弹出的对话框中选择【来自文件】项，在弹出的【插入图片】对话框中选择提前准备好的金色纹理图片，单击【打开】按钮完成插入。

7 在【设置形状格式】面板中，单击【形状选项】-【效果】，在【阴影】组中单击【预设】按钮，选择【外部】组中的【偏移：中】选项。

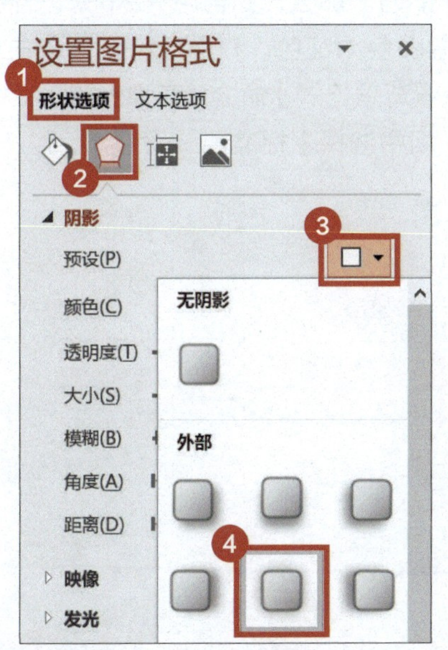

8 插入提前准备好的背景图片，右键单击图片，在弹出的菜单中选择【置于底层】命令。再插入邀请函的详细文案，一份邀请函就制作完成了。

02 如何用 PPT 做新年贺卡?

用 PPT 制作一张专属的新年贺卡，既可以表达真挚的祝福，也可以展示自己的设计能力。那么，如何用 PPT 来设计新年贺卡呢?

1 设置幻灯片背景颜色为红色。在页面空白处单击鼠标右键，在弹出的菜单中选择【设置背景格式】命令；在弹出的面板中选择【纯色填充】选项，在【颜色】组中选择【标准色 – 深红】。

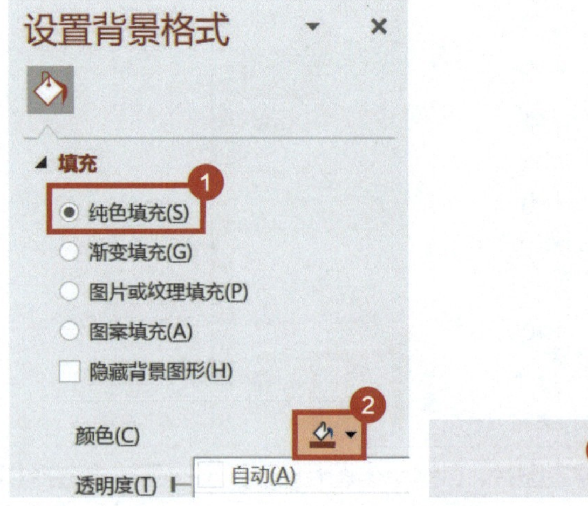

2 单击【插入】选项卡功能区中的【文本框】图标，在弹出的菜单中选择【绘制横排文本框】命令，新建 4 个文本框，分别输入“新”“年”“快”“乐”，选择一种书法字体，并调整文字的大小和位置，设置文字颜色为黄色。

3 在【插入】选项卡的功能区中单击【形状】图标，选择【基本形状】-【弧形】。

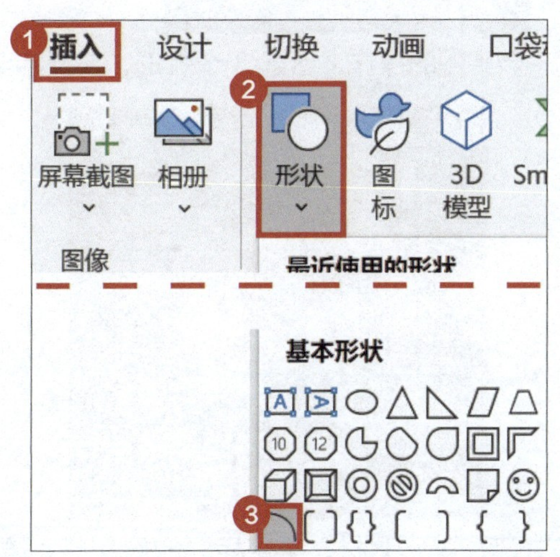

4 按住【Shift】键，拖曳鼠标绘制一个弧形，在【形状格式】选项卡的功能区中单击【形状轮廓】图标，将轮廓颜色设置为与文字相同的黄色。

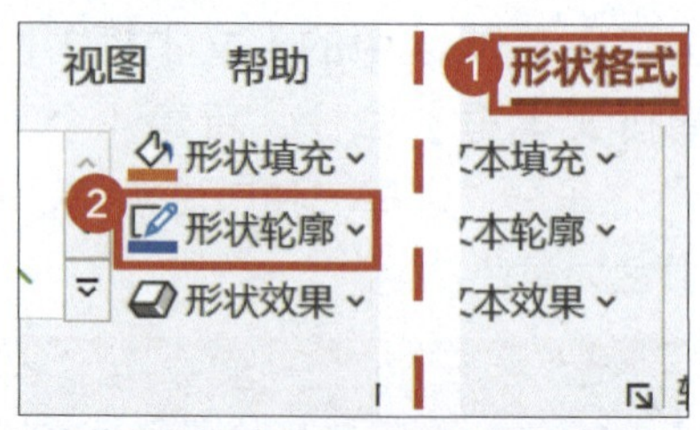

5 拖曳弧形的两个“调整手柄”，使弧形两端贴近文字，让弧形半包围文字。

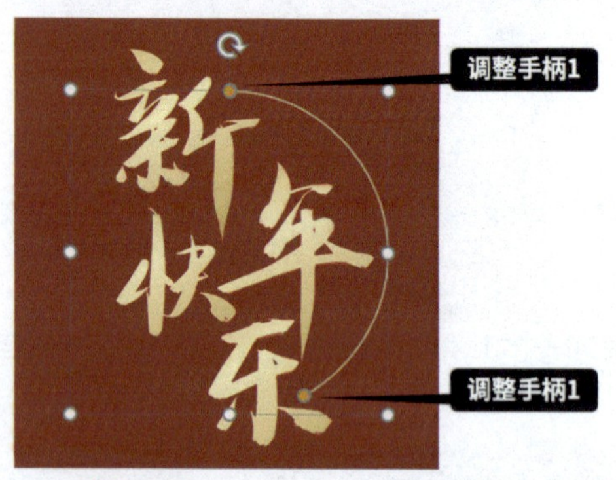

6 重复步骤3～步骤5的操作，新建 3 个弧形，将文字全部包围。

7 在圆圈空白处添加祥云素材，丰富标题的层次感。最后再选择一张好看的背景图片并完善祝福文案。

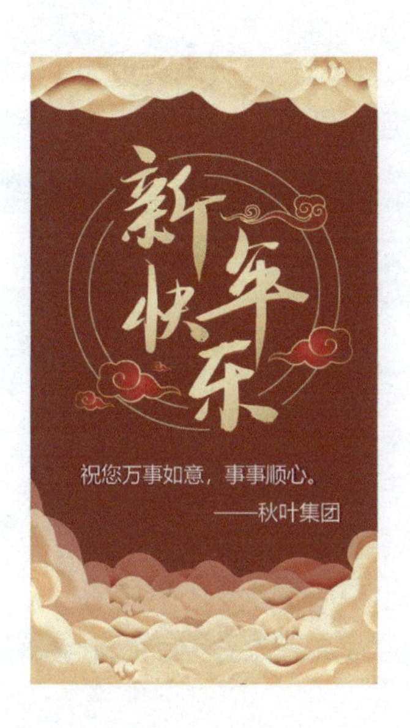

03 如何用 PPT 做求职简历?

PPT 作为一种设计工具，也可以用来制作求职简历。一份简历主要包括个人基础信息部分和履历部分，我们来看看如何用 PPT 制作求职简历吧。

1 首先修改幻灯片大小。在【设计】选项卡的功能区中单击【幻灯片大小】图标，在弹出的菜单中选择【自定义幻灯片大小】命令。

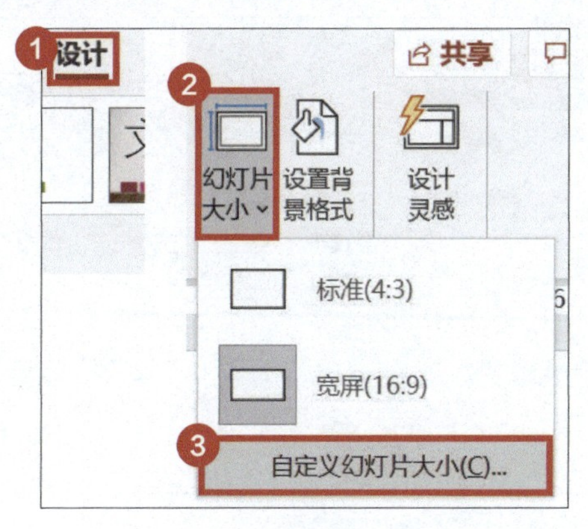

2 在弹出的对话框中，将幻灯片大小设置为【A4 纸张（210 × 297 毫米）】，在【方向】组中选择【纵向】选项，单击【确定】按钮。

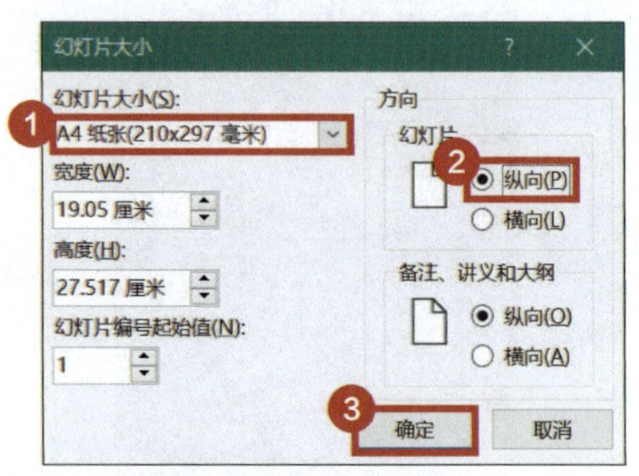

3 在弹出的对话框中单击【最大化】按钮。

4 在【插入】选项卡的功能区中单击【形状】图标，选择【矩形】命令，绘制一个矩形。

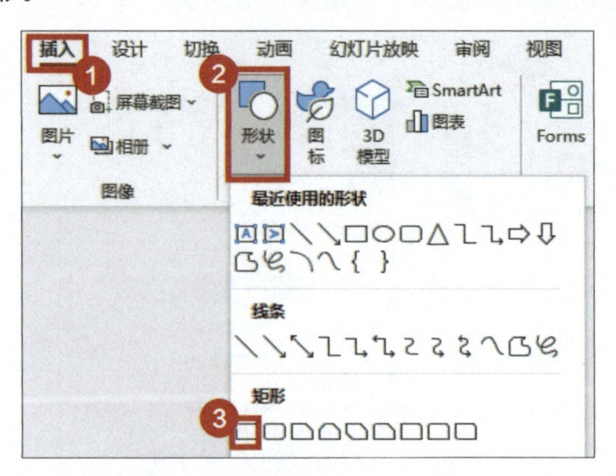

5 调整矩形，与页面等高，宽度约为页面长度的 1/ 3。

6 选中矩形后，在【形状格式】选项卡的功能区中单击【形状填充】图标，在弹出面板中选择一种颜色进行填充。

7 在【形状格式】选项卡的功能区中单击【形状轮廓】图标，选择【无轮廓】命令。

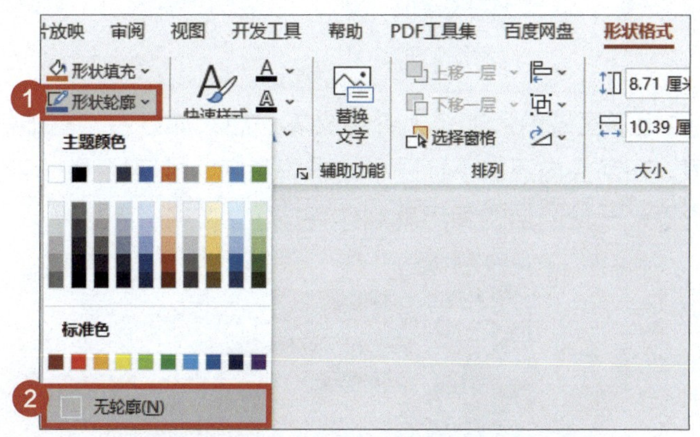

8 在【插入】选项卡的功能区中单击【形状】图标，选择【箭头：五边形】命令。

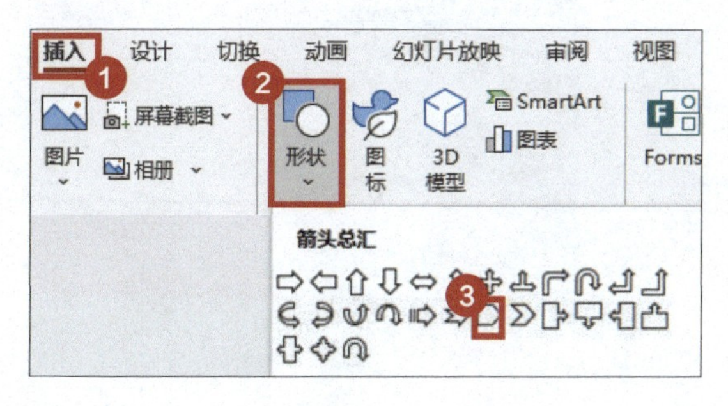

9 按快捷组合键【Ctrl+C】和【Ctrl+V】进行复制、粘贴，多复制几个箭头，并根据步骤6设置箭头填充和轮廓属性，把箭头摆放在下图所示相应位置。

10 在左边矩形区域内添加个人介绍文本信息，如姓名、基础信息、教育背景等。在箭头内添加小标题，如求职意向、学习经历、实习经历、自我评价等，一份简洁的简历就制作完成了。

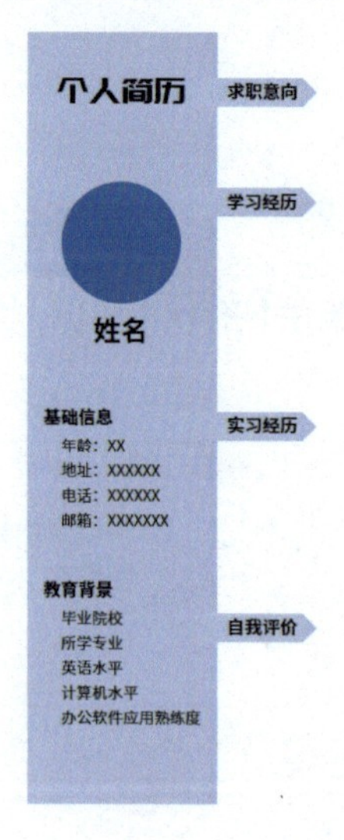

04 如何用 PPT 做朋友圈创意九宫格?

在朋友圈发照片时，九宫格排版是非常流行的方式。那么，如何用 PPT 制作朋友圈的创意九宫格呢?

1 在【插入】选项卡的功能区中单击【形状】图标，选择【矩形】命令。

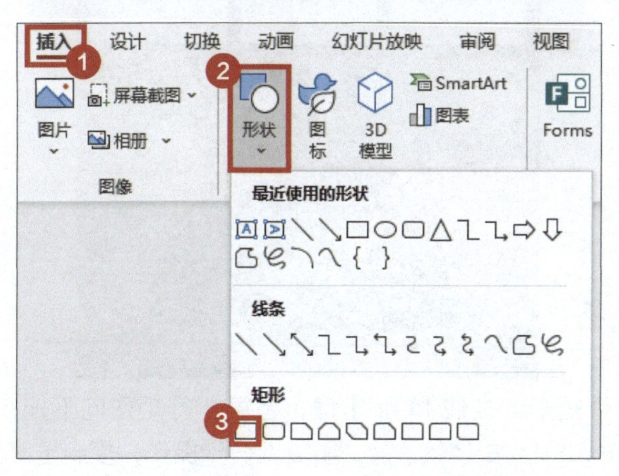

2 按住【Shift】键拖曳鼠标，绘制一个正方形，正方形大小约为图片的 1/ 9 即可。将正方形放置在图片的左上角。

3 按住【Ctrl】键的同时将正方形向右拖曳，可快速复制出第 2 个正方形，然后按【F4】键，可以重复上一步操作，复制出第 3 个正方形。

4 选中 3 个矩形，按住【Ctrl】键，将第 1 行矩形向下拖曳，复制出第 2 行矩形，然后按【F4】键，重复上一步操作，复制出第 3 行矩形。

5 按住【 Ctrl 】键，先单击选中图片，再框选所有正方形，在【 形状格式 】选项卡的功能区中单击【 合并形状 】图标，在弹出的菜单中选择【 拆分 】命令。

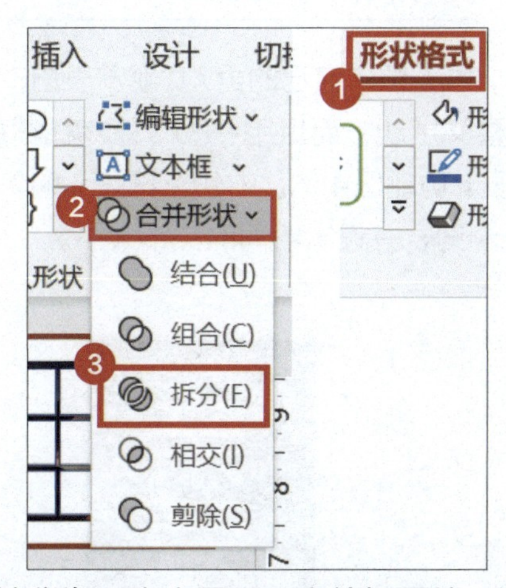

6 拆分后，图片被分为 9 张小图和一个外框图片。选中外框图片，按【 Delete 】键删除，九宫格就制作完成了。依次选择每一张小图，右键单击，在弹出的菜单中选择【 另存为图片 】命令即可导出。

赶紧试试，用 PPT 把照片做成九宫格发朋友圈吧。

05 如何用 PPT 做七夕快闪视频?

七夕节快到时，想不想向自己的男 / 女朋友表白? 做个快闪视频吧，保证让她 / 他既惊喜又感动，而且用 PPT 几步就能搞定!

1 单击【插入】选项卡功能区中的【文本框】图标，输入想要表白的文字，在每页幻灯片放一个词，并设置不同的文字大小。

2 选中任意一页幻灯片，按快捷组合键【Ctrl+A】全选所有幻灯片，在【切换】选项卡的功能区中，将【设置自动换片时间】设置为“00:00.30（即 0.3 秒）”。

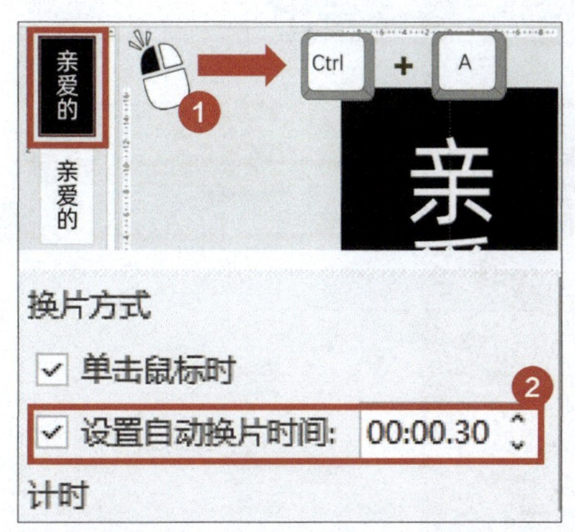

3 在【插入】选项卡的功能区中选择【音频】-【PC 上的音频】命令，插入准备好的音频。

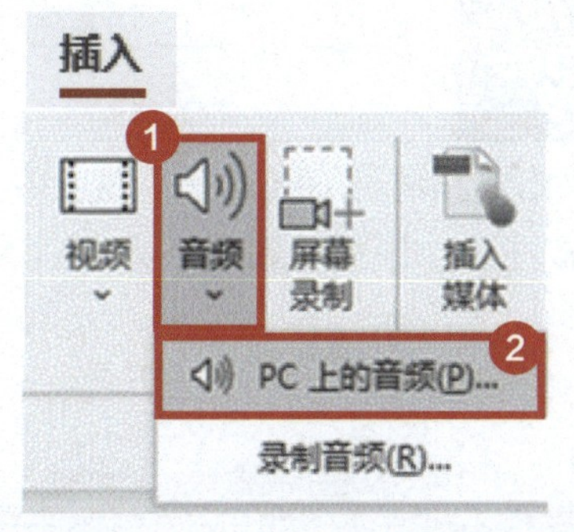

4 选中小喇叭图标，在【播放】选项卡功能区的【音频选项】组中设置【开始】为【自动】，选择【跨幻灯片播放】和【放映时隐藏】两个复选项。

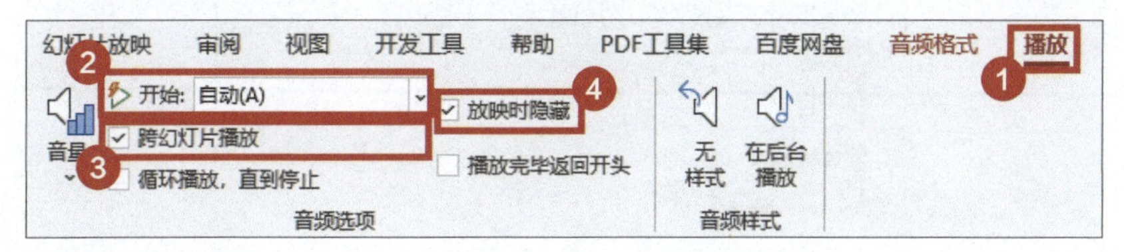

5 单击【文件】选项卡，在弹出的菜单中选择【导出】-【创建视频】命令。

6 选择视频清晰度为【全高清（1080p）】，然后单击【创建视频】按钮，稍等片刻，视频就做好了，赶紧看看是不是和视频软件做的快闪视频有一样的效果！

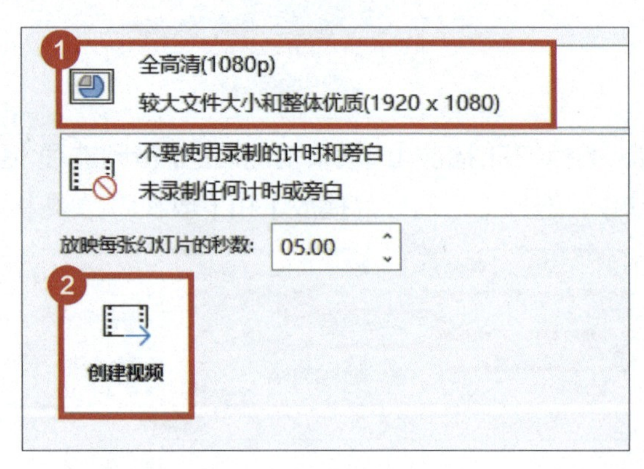

06 PPT 如何实现动态倒计时?

还在为年会倒计时视频因为不会视频编辑软件而发愁吗? 别难为自己了，用 PPT 就能做出超豪华的动态倒计时效果!

1 在【插入】选项卡的功能区中单击【图片】图标，插入一张适合年会的背景图片，再单击【文本框】图标，输入数字“5”。

2 右键单击文本框，在弹出的菜单中选择【设置形状格式】命令。

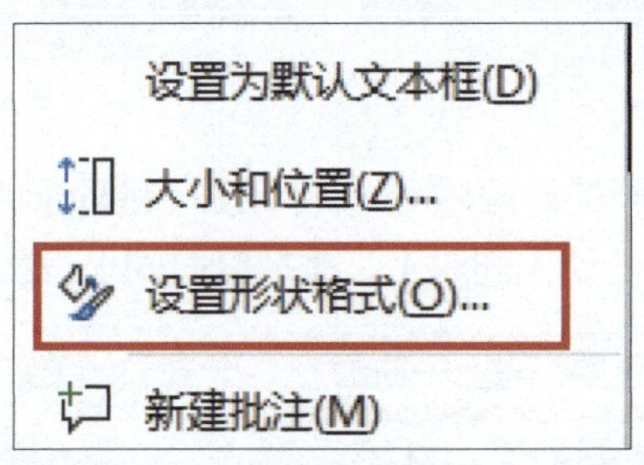

3 在弹出的【设置形状格式】面板中，单击【文本选项】-【图片或纹理填充】-【插入】按钮，导入准备好的金箔纹理图，文字瞬间金光闪闪。

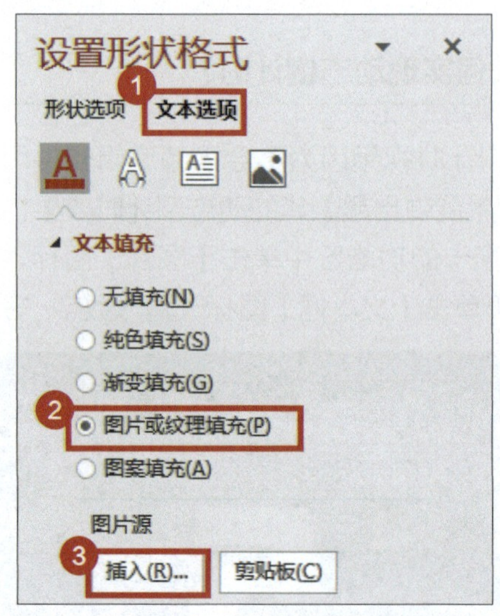

4 选中文本框，在【动画】选项卡的功能区中单击【动画】组中的【缩放】图标。

5 设置【缩放】动画的动画时间，在【动画】选项卡的功能区中，将【开始】设置为【与上一动画同时】，【持续时间】设置为“00.25”。

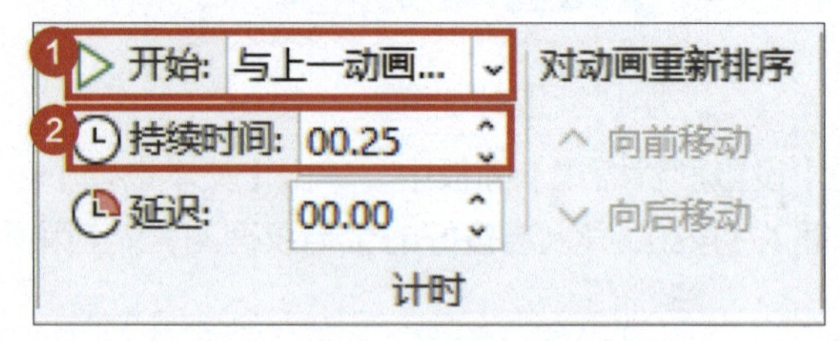

6 在【切换】选项卡的功能区中选择【设置自动换片时间】选项。

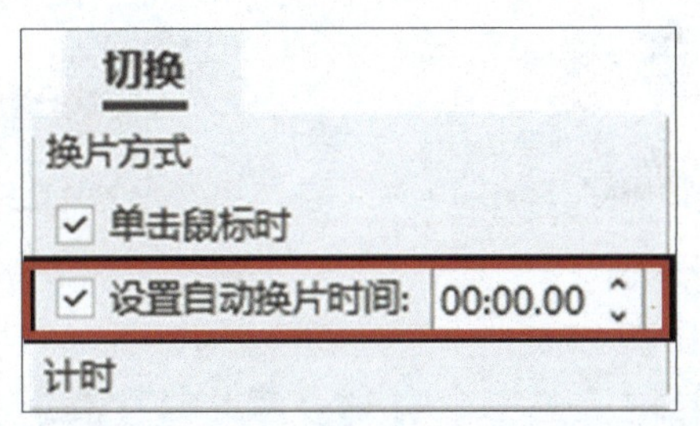

7 选中幻灯片，按快捷组合键【Ctrl+D】将幻灯片复制 4 次，依次修改数字为“4”“3”“2”“1”，单击【放映】图标，倒计时动画就完成了。

07 如何用 PPT 做抽奖转盘?

抽奖场景很常见，如何用 PPT 制作抽奖转盘呢?

1 在【插入】选项卡的功能区中单击【图表】图标，在弹出的菜单中选择【饼图】命令，插入饼图，调整参数和颜色。

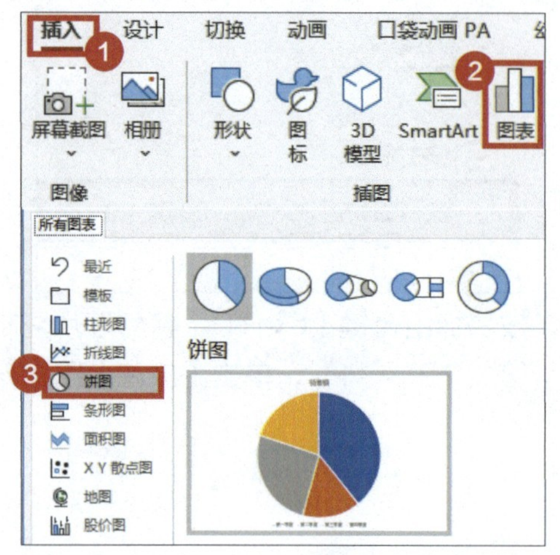

2 选中饼图后单击饼图右上角的【+】图标，将【图表标题】和【图例】复选项取消勾选。

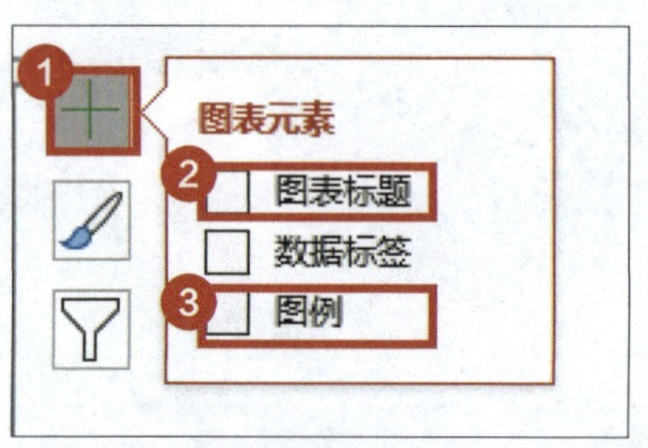

3 右键单击图表，在弹出的菜单中选择【剪切】命令。

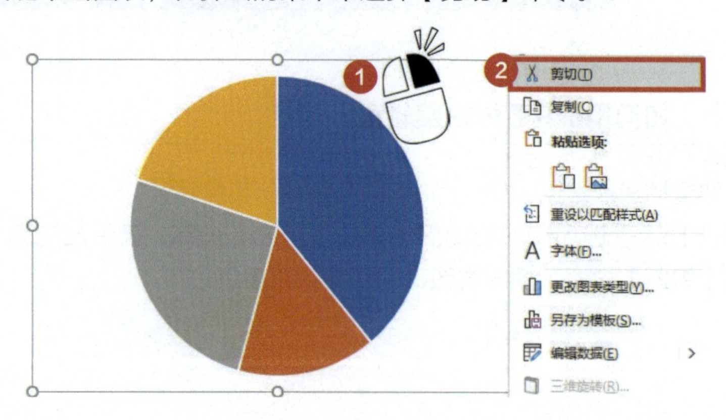

4 在【开始】选项卡的功能区中选择【粘贴】-【选择性粘贴】命令，在弹出的对话框中设置粘贴类型为【图片（增强型图元文件）】。

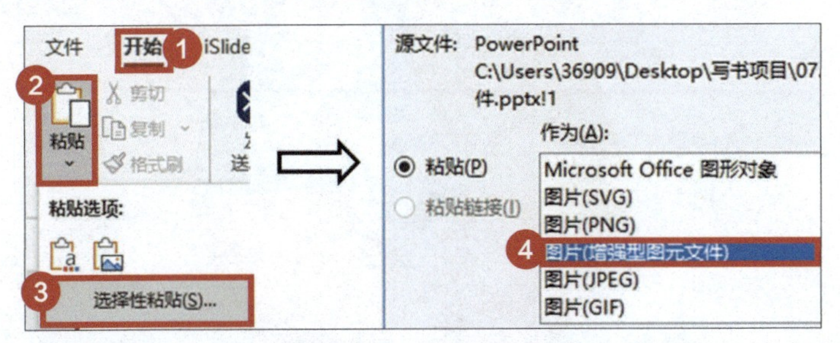

5 右键单击饼图，选择【组合】-【取消组合】命令两次，选中多余的透明矩形，按【Delete】键删除；在【插入】选项卡的功能区中单击【文本框】图标，插入文本框，并添加奖项名称。

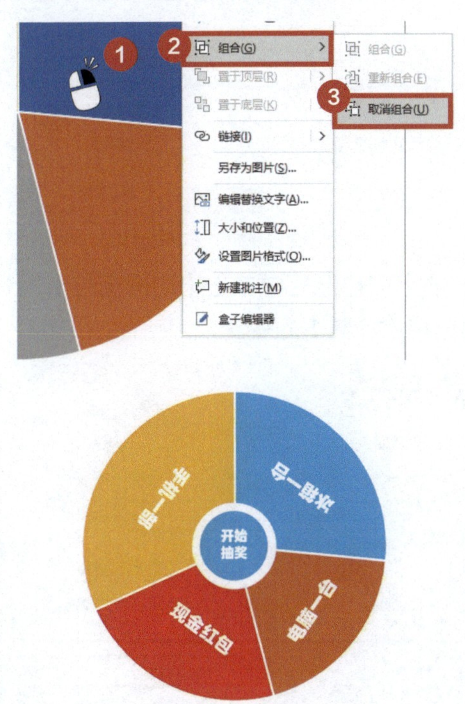

6 按快捷组合键【Ctrl+A】选中所有内容，按快捷组合键【Ctrl+G】将其组合为一个整体。

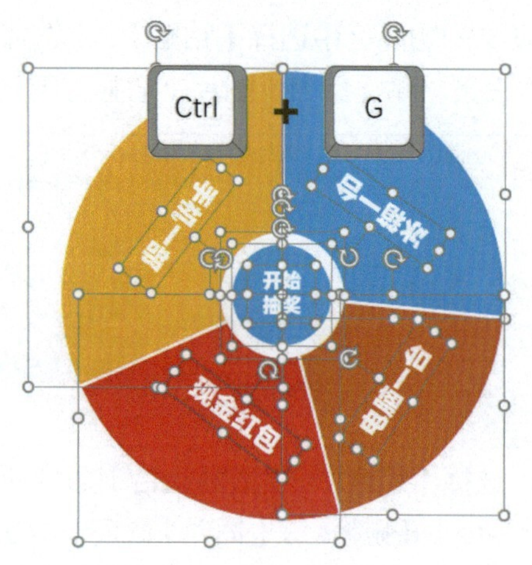

7 选中轮盘，在【动画】选项卡的功能区中单击【陀螺旋】图标。

8 在【动画】选项卡的功能区中单击【动画窗格】图标，在对应动画上单击鼠标右键选择【计时】命令。

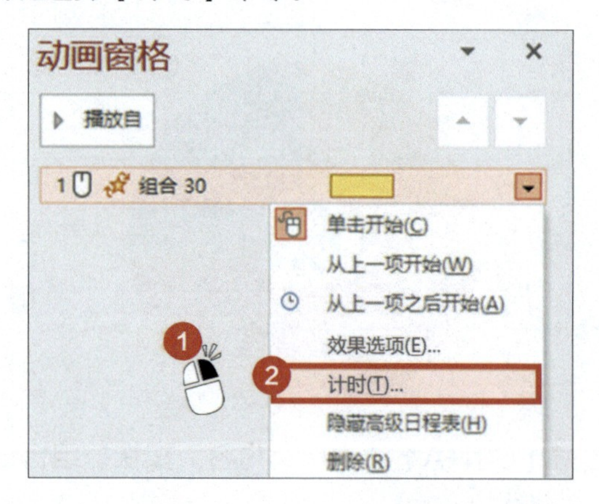

9 在弹出的对话框中设置【期间】为【快速（1 秒）】，【重复】为【直到幻灯片末尾】。

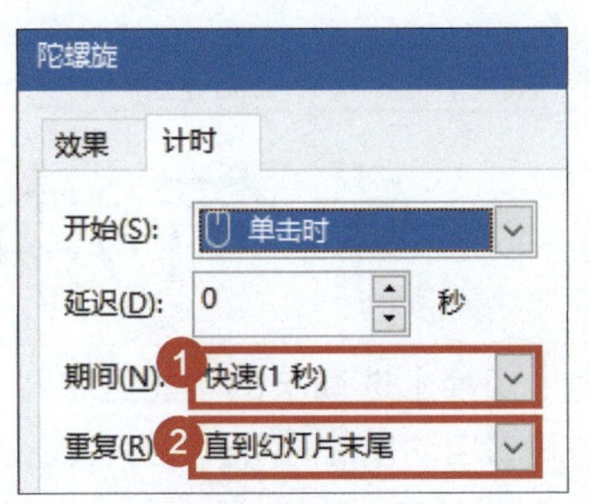

10 最后在【插入】选项卡的功能区中单击选择【形状】图标，选择【等腰三角形】，添加一个倒三角形作为指针，抽奖转盘制作完成。

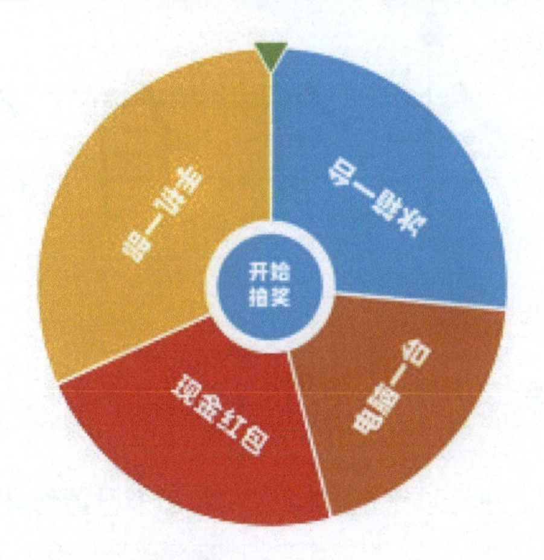

08 如何用 PPT 做关键词抽签动画？

不会编程，又想做一个抽签的小游戏怎么办？不用担心，用 PPT 可以实现这样的效果！

1 在【插入】选项卡的功能区中单击【文本框】图标，在每页幻灯片中分别输入相应抽签的内容。

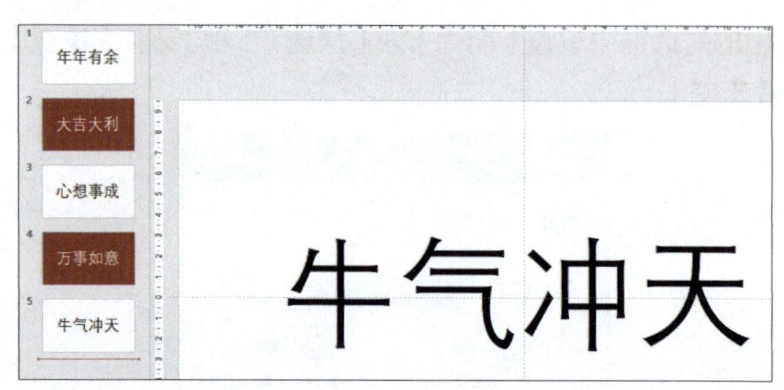

2 选中第一页，在【切换】选项卡的功能区中将【持续时间】设为“00.01”，再将【设置自动换片时间】设为“00:00.01”，单击【应用到全部】按钮。

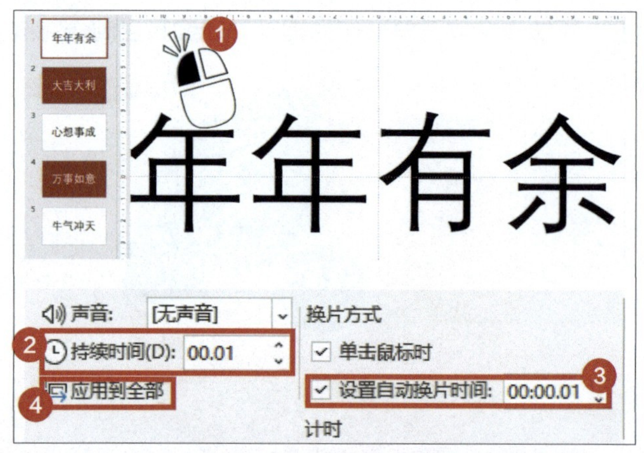

3 在【幻灯片放映】选项卡的功能区中单击【设置幻灯片放映】图标。

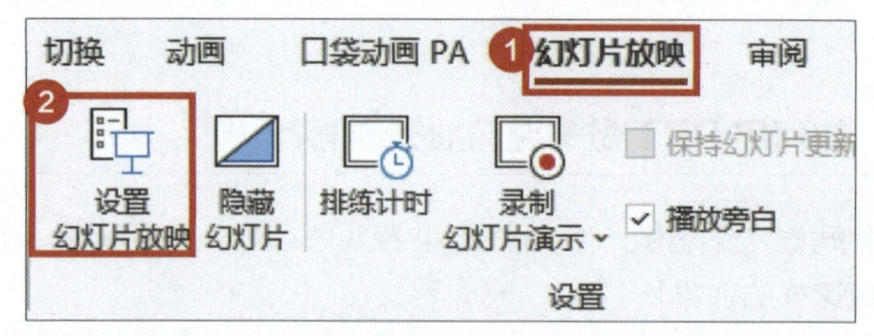

4 在弹出的对话框中选择【循环放映，按Esc键终止】复选项，单击【确定】按钮。

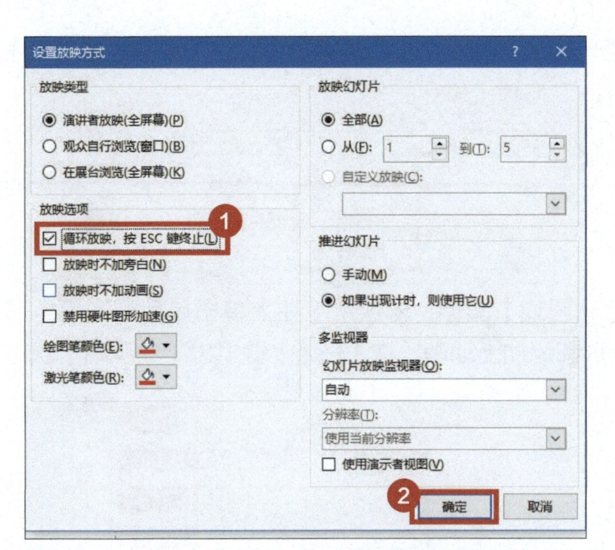

5 按【F5】键进行播放，按数字【1】键会暂停播放，按【Space】键则会继续播放，关键词抽签的小动画就做好了。

09 如何用 PPT 做实时投票效果？

公司年终评选“优秀工作者”需要一个投票的小程序，预算有限、时间紧，该怎么办？别急，用 PPT 就可以做出这种效果！

1 先将参选人员的头像图片排列好，在【插入】选项卡的功能区中单击【形状】图标，在弹出的菜单中选择【圆角矩形】命令，在每个头像下面复制多个，如下图所示。

2 选中第一列最下面一个【圆角矩形】，在【动画】选项卡中单击【出现】图标。

3 双击【动画刷】图标，依次从下往上单击单列的圆角矩形，将所有的圆角矩形都添加上动画，按【Esc】键退出【动画刷】状态。

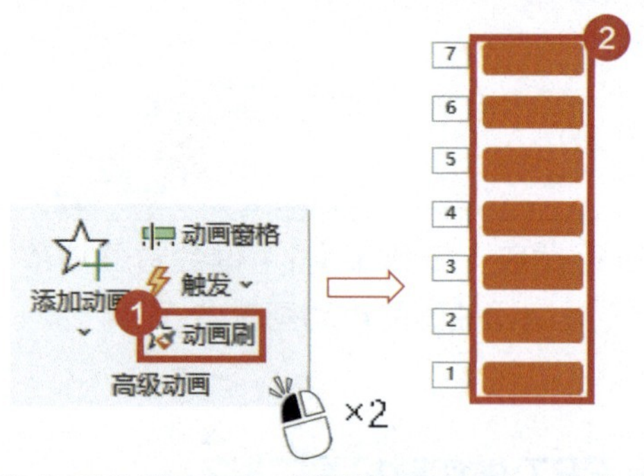

4 选中其中一位人员头像下面一整列圆角矩形，单击【动画】选项卡中的【触发】图标，在弹出的菜单中选择【通过单击】命令，在下拉列表中选择这位人员头像图片的名称。同理，对其他人员下面的圆角矩形设置【触发】条件为【通过单击】，选择对应人员头像图片的名称。

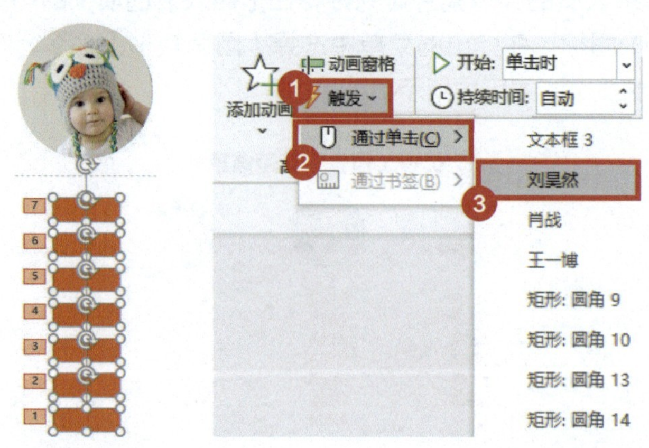

5 按【F5】键进行放映，参评者每获得一票，就单击一下对应的头像，下面的票数就出现一个圆角矩形，实时投票的小程序就完成了，是不是非常简单？

4.2 PPT 的创意页面设计

本节主要涉及 PPT 的创意页面设计，用简单实用的技巧做出海报级别的页面设计，足以惊艳全场。

01 如何用 PPT 做出有文艺感的意境图？

很多读者想到好看的图片，第一时间就会想到Photoshop，实际上，用 PPT 也能做出文艺感的意境图。学会这个小技巧，配图瞬间就高端大气！

1 在【插入】选项卡的功能区中单击【形状】图标，选择【圆角矩形】命令。

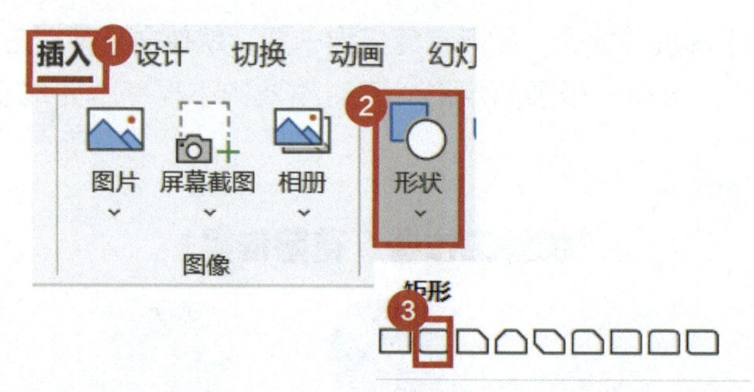

2 按住鼠标左键拖曳圆角的控点，调整圆角至最大，并旋转角度。

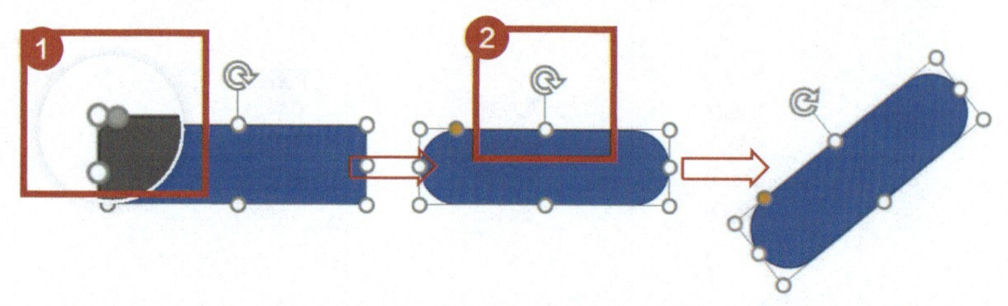

3 多次按快捷组合键【Ctrl+C】和【Ctrl+V】批量复制圆角矩形，并调整部分圆角矩形的位置和大小，全选所有内容后，按快捷组合键【Ctrl+G】进行组合。

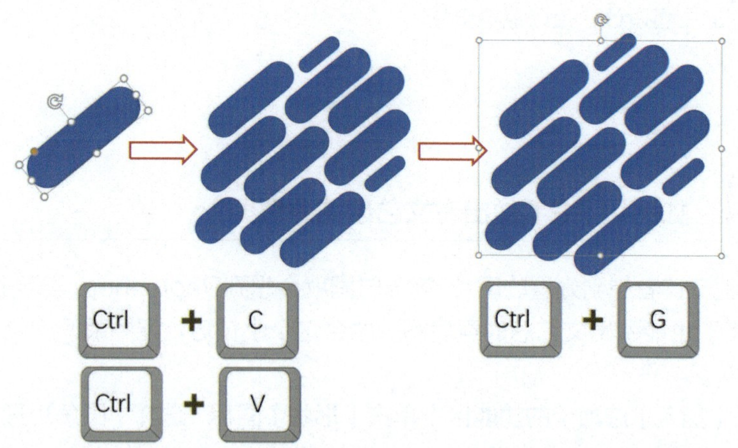

4 选中组合后的形状，右键单击形状，在弹出的菜单中选择【设置形状格式】命令。

5 在弹出的面板中选择【填充】-【图片或纹理填充】选项，单击【插入】按钮。

6 在弹出的对话框中选择【来自文件】选项，打开资源管理器窗口，找到需要的图片并插入。

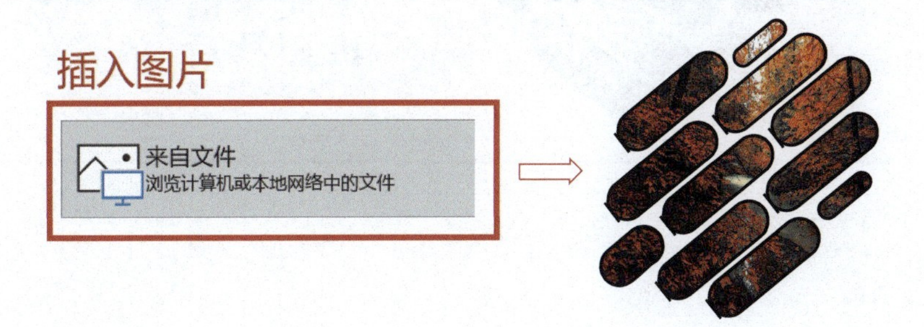

7 选中组合后的形状，在【形状格式】选项卡的功能区中选择【形状轮廓】-【无轮廓】选项，去掉形状的边框。

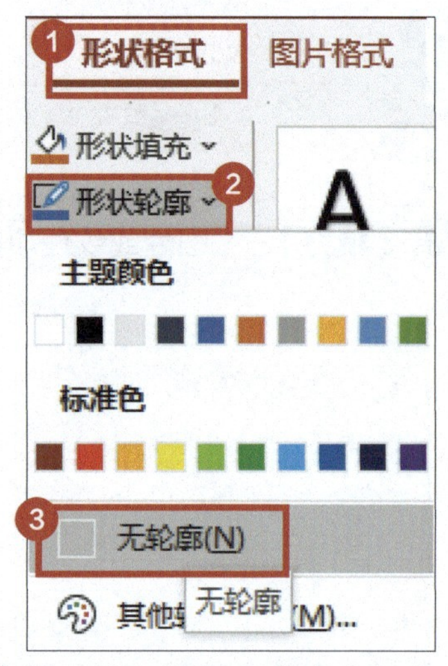

8 在【插入】选项卡的功能区中单击【文本框】图标，在空白处添加文本框，输入文艺的诗词或句子，调整文字的字体和颜色，得到一张文艺感的意境图。

02 如何做出立体的图片排版效果?

在做 PPT 时，我们经常会遇到一行需要放置多张图片的情况，如果全部缩小的话，会导致页面上下留白太多。这时，可以通过“立体排版”的方式，在解决留白太多问题的同时做出空间感满满的页面!

1 选中左侧的图片，单击鼠标右键，在弹出的菜单中选择【设置图片格式】命令，打开【设置图片格式】窗格。

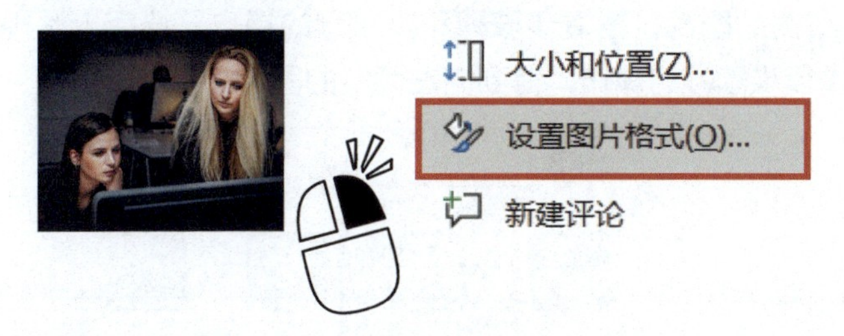

2 在【设置图片格式】面板中选择【三维旋转】组，在【预设】下拉列表中选择【角度】组中的【透视：右】选项。

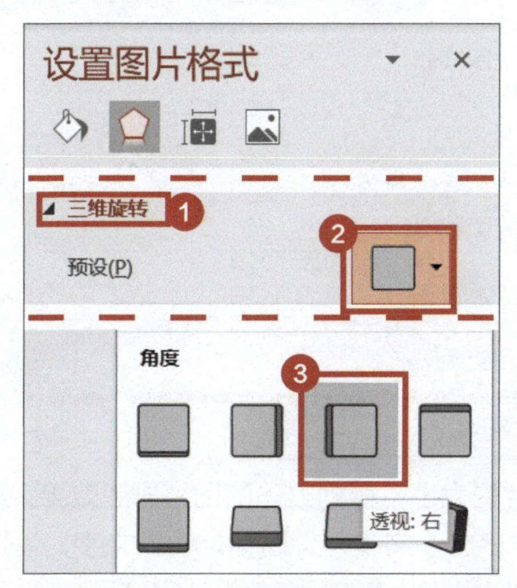

3 把【透视】参数调整为“75° ”，得到向右倾斜的图片。

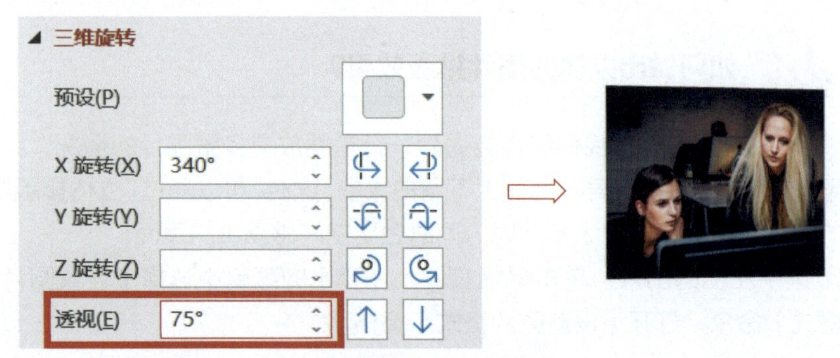

4 选择右侧的图片，重复步骤1和步骤2的操作，选择【透视：左】选项，重复步骤3的操作，得到向左倾斜的图片。

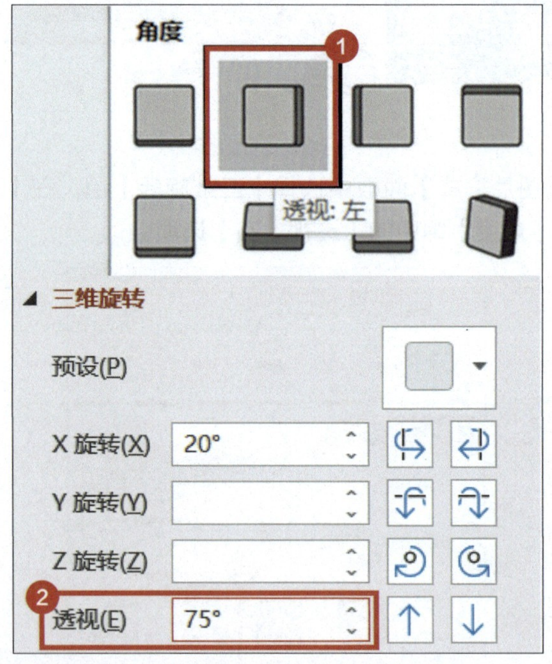

5 调整3张图片的大小，得到立体的图片排版效果，再在【插入】选项卡的功能区中单击【文本框】图标，输入文字，设置图片边框和背景等细节，一张空间感满满的页面就设计完成了。

03 PPT 中如何做出图片双重曝光的效果？

如果不会使用Photoshop，怎么做出具有高级感的双重曝光效果？实际上，PPT 也一样可以做到。

1.Office 365 版本的示范

1 在 PPT 中插入森林背景图片和已抠图的人物图片，选中人物图片，右键单击图片，在弹出的菜单中选择【设置图片格式】命令。

2 在【设置图片格式】窗格中单击【图片】图标，将【图片透明度】数值设置为“65%”（数值可自行调整），即可得到双重曝光效果。

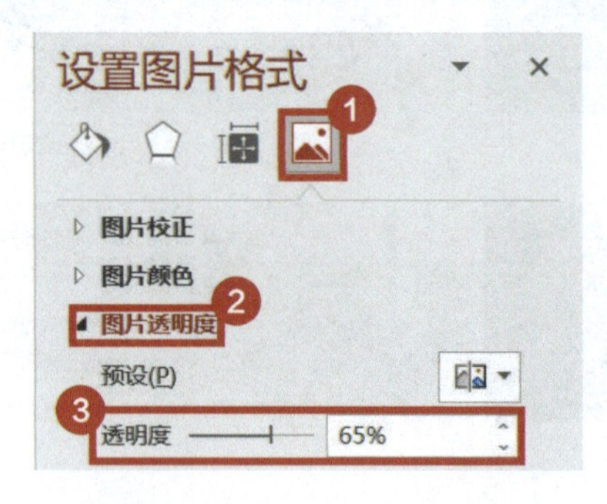

2. 非 Office 365 版本的示范

1 在【插入】选项卡的功能区中选择【形状】中的【矩形】，插入一个和人物图片大小相同的矩形。

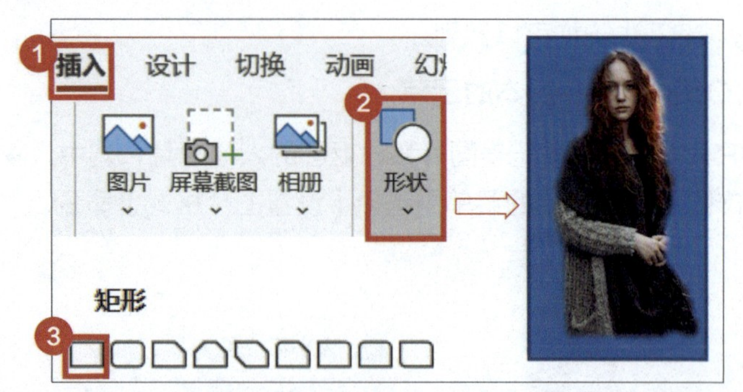

2 选中人物图片，按快捷组合键【Ctrl+X】进行剪切，右键单击矩形，在弹出的菜单中选择【设置形状格式】命令。

3 在弹出的面板中单击【填充】-【图片或纹理填充】-【剪贴板】按钮，就能将人物图片填充进矩形中。

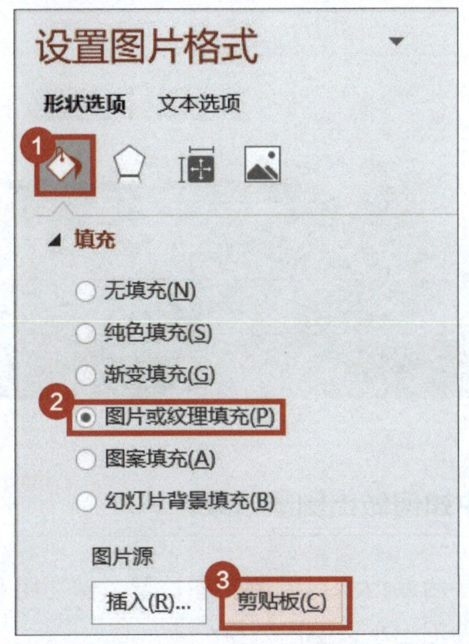

4 将【透明度】数值设置为“65%”（数值可自行调整），即可得到双重曝光效果。

5 在 PPT 页面右侧添加文字，调整颜色，即可利用双重曝光效果做出高级感的页面。

04 PPT 中如何做出倒影效果?

各大短视频平台最近流行的倒影图片怎么做？用 PPT 就可以轻松搞定，让你分分钟拍出水边倒影效果！

1 单击选中图片，按快捷组合键【Ctrl+C】【Ctrl+V】进行复制、粘贴，选中复制后的图片，在【图片格式】选项卡的功能区中选择【旋转】-【垂直翻转】命令，把两张图片摆放在一起，即可得到对称的效果。

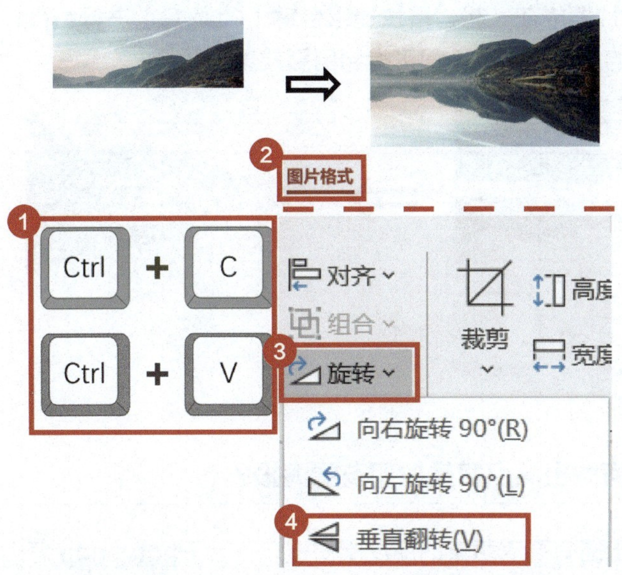

2 选中垂直翻转后的图片，在【图片格式】选项卡的功能区中单击【艺术效果】图标，在下拉列表中选择【玻璃】选项。

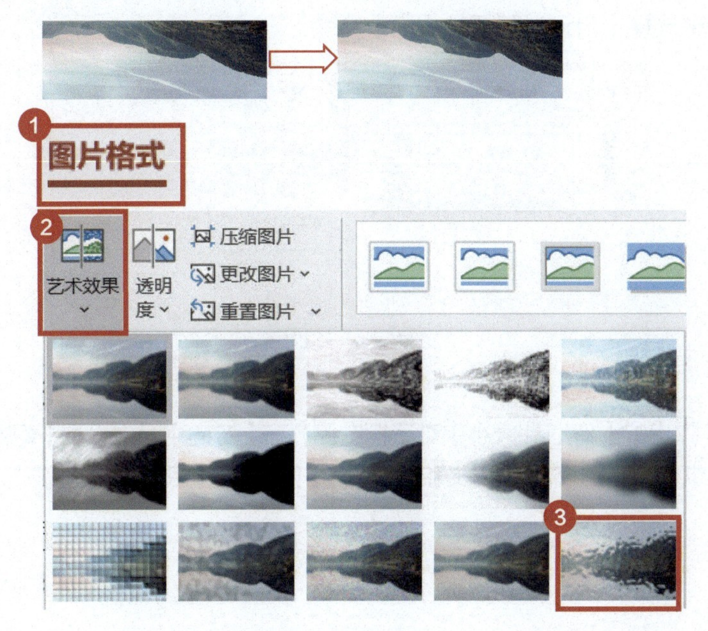

3 将两张图片摆放在一起，按快捷组合键【Ctrl+G】进行组合，调整组合后图片的大小和位置，即可得到倒影效果的图片。

05 如何做出高点赞量的朋友圈海报？

想要做出能有高点赞量的朋友圈海报，不会 Photoshop 怎么办？别怕，PPT 也能帮你全部搞定！

1 在【设计】选项卡的功能区中单击【幻灯片大小】图标，在弹出的菜单中选择【自定义幻灯片大小】命令。

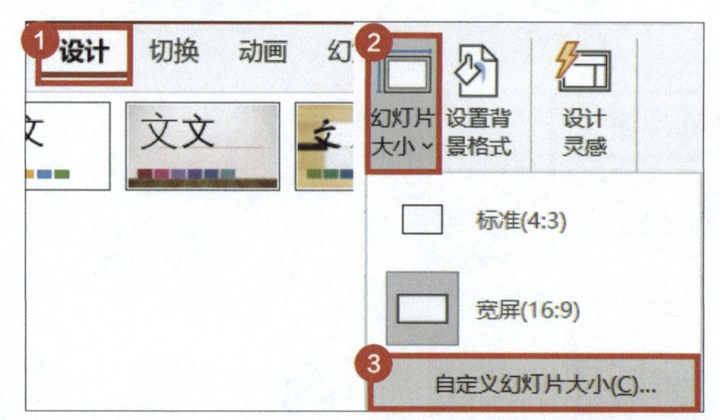

2 在弹出的【幻灯片大小】对话框右侧，在【方向】组中设置【幻灯片】为【纵向】，【备注、讲义和大纲】为【纵向】，即可改变画布方向。

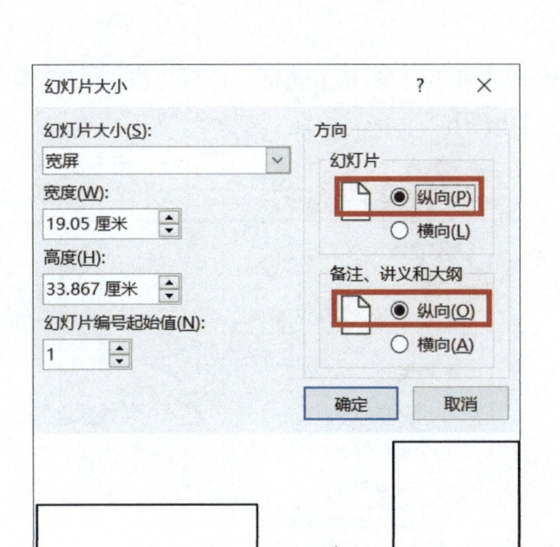

3 单击事先准备好的图片，按快捷组合键【Ctrl+C】复制，把墨迹形状放大至能覆盖图片（墨迹形状可扫描本章第一页的二维码获取），适当旋转调整位置，单击鼠标右键，在弹出的菜单中选择【设置形状格式】命令。

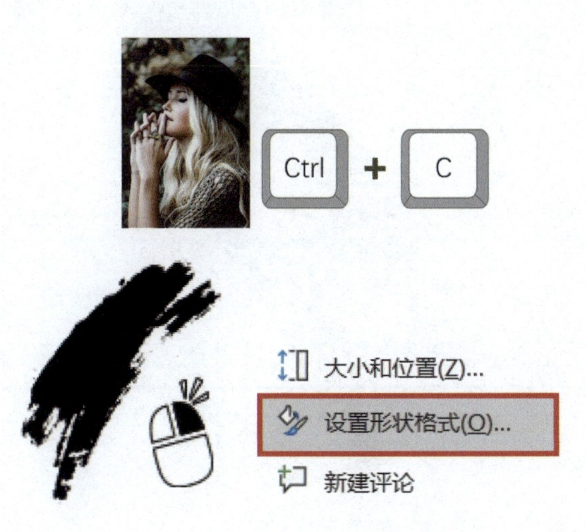

4 在弹出的面板中单击【填充】图标，选择【图片或纹理填充】选项，单击【剪贴板】按钮。

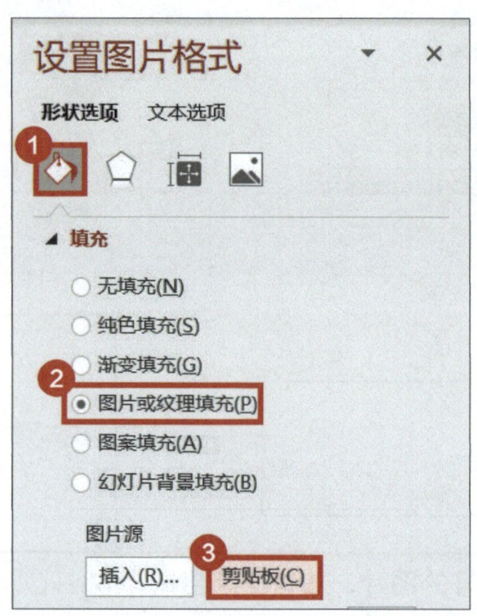

5 在剪贴选项中，取消勾选【与形状一起旋转】选项，即可得到填充后的墨迹图片。

与形状一起旋转(W)

6 在【插入】选项卡的功能区中选择【文本框】-【竖排文本框】命令，在页面右下角添加文字，一张超高颜值的海报就设计完成了。

06 如何做出创意墨迹效果？

前面我们介绍了如何做出高点赞量的朋友圈海报，相信大家都已经跃跃欲试了，但是免费的墨迹素材去哪里下载似乎成了一个问题。实际上，用 PPT 自带的文本框就可以写出墨迹效果、做出创意墨迹海报。

1 在【设计】选项卡的功能区中单击【幻灯片大小】图标，在下拉菜单中选择【自定义幻灯片大小】命令。

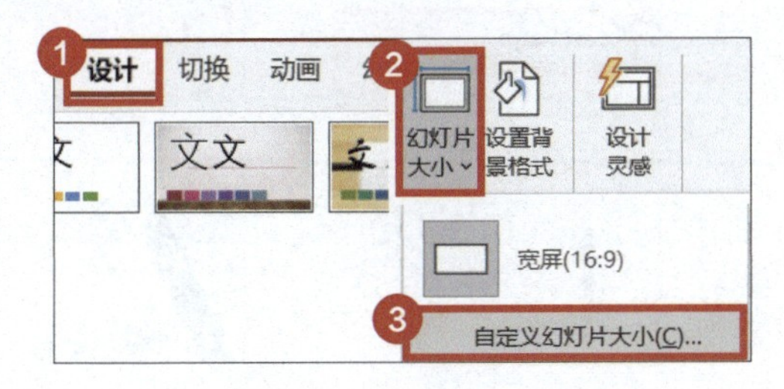

2 在弹出的【幻灯片大小】对话框右侧，在【方向】组中设置【幻灯片】为【纵向】，【备注、讲义和大纲】为【纵向】，即可改变画布方向。

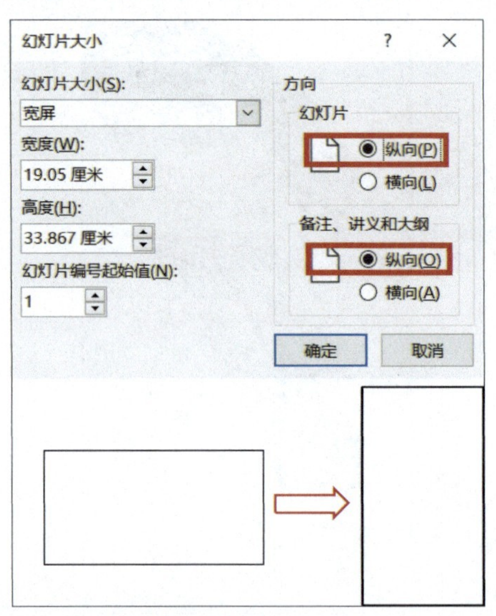

3 在【插入】选项卡的功能区中单击【文本框】图标，输入大写字母“I”。

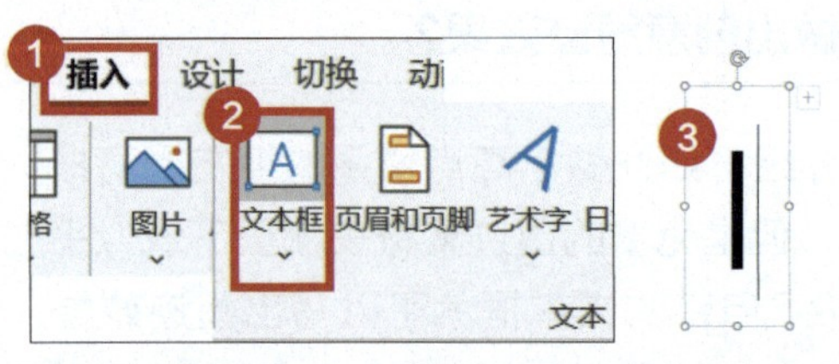

4 修改字体为“Road Rage”，重复单击【增大字号】按钮，把字母调整到合适的大小，得到墨迹笔画。

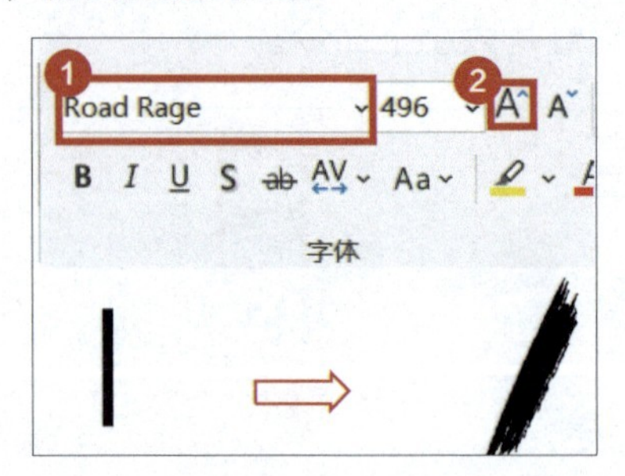

5 按快捷组合键【Ctrl+C】进行复制，多次按快捷组合键【Ctrl+V】进行粘贴，调整笔画的位置，得到较粗的墨迹形状。

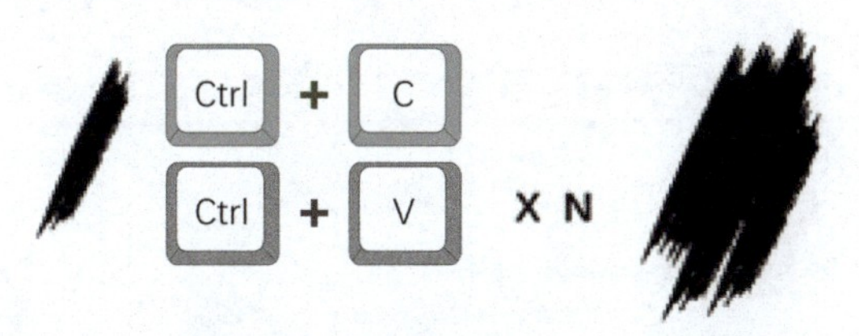

6 选中墨迹形状，在【形状格式】选项卡的功能区中选择【合并形状】-【结合】命令，得到结合后的墨迹形状。

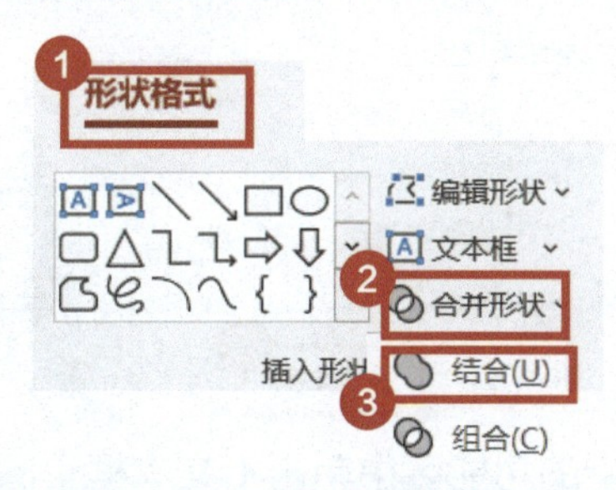

7 单击事先准备好的图片，按快捷组合键【Ctrl+C】进行复制，把墨迹形状放大，右键单击图片，在弹出的菜单中选择【设置形状格式】命令。

8 在弹出的面板中单击【填充】图标，在【填充】组选择【图片或纹理填充】选项，单击【剪贴板】按钮，即可得到填充后的墨迹图片。

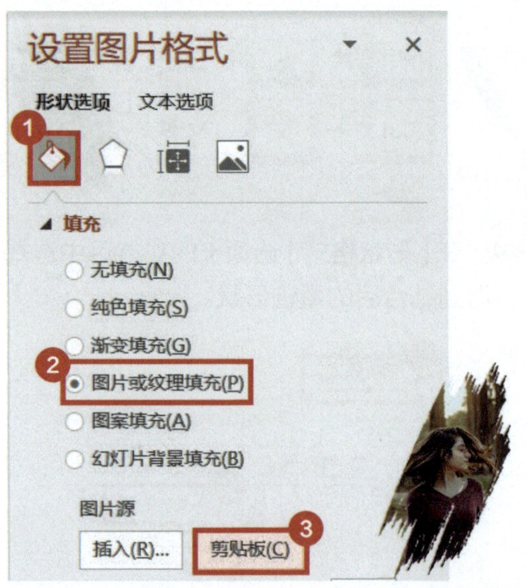

9 在【插入】选项卡的功能区中单击【文本框】图标，在页面左上角添加文字，即可得到创意墨迹海报。

07 如何利用文字拆分做出创意海报？

我们在海报设计中经常会看到把笔画拆分后再二次设计的处理方式，这样的手法能让海报更有高级感。下面介绍在 PPT 中怎样利用文字拆分，做出创意满满的海报。

1 在【插入】选项卡的功能区中单击【文本框】图标，插入文本框，输入文字“赢”，选择一个好看的字体，适当调整文字大小。

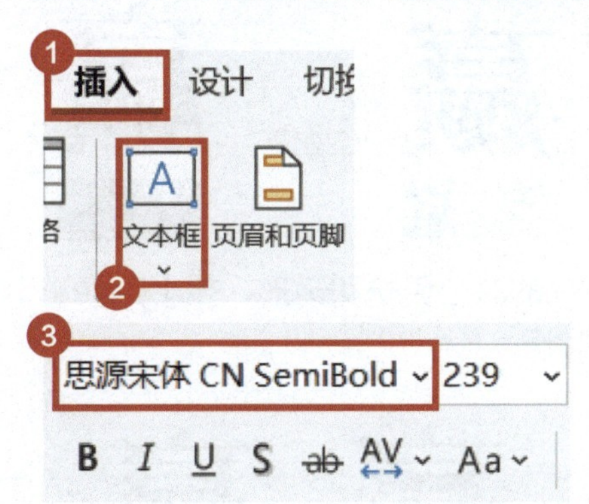

2 在【插入】选项卡的功能区中单击【形状】图标，在弹出的菜单中选择【矩形】命令，插入一个矩形。

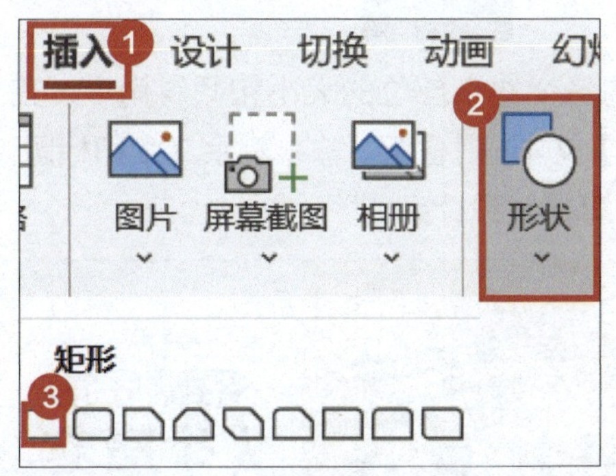

3 同时选中文字和矩形，在【形状格式】选项卡的功能区中选择【合并形状】-【拆分】命令，即可得到拆分后的形状。

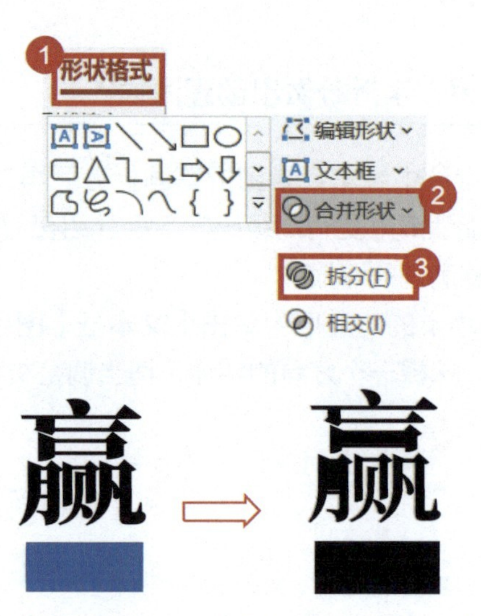

4 选中文字中多余的黑色色块和矩形，按【Delete】键删除，得到拆分笔画后的文字形状。

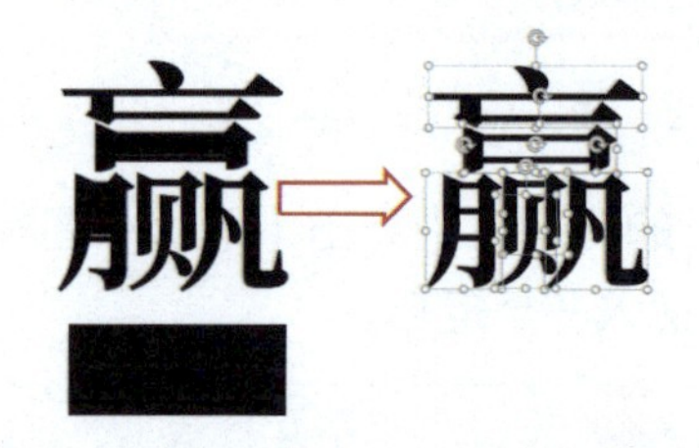

5 调整拆分后的各个文字部位的大小和倾斜角度，在【插入】选项卡的功能区中单击【文本框】图标，输入其余文字和标题修饰并调整版式，一张创意十足的海报就设计完成了。

08 如何利用文字虚化打造高端文字页?

在制作文字内容很多的幻灯片时，可以把文字进行虚化，来打造空间感，提高视觉效果。具体该怎么做呢？快来一起看看吧！

1 在【插入】选项卡的功能区中单击【文本框】图标，输入页面中需要的文字，按快捷组合键【Ctrl+A】全选文本框，再按快捷组合键【Ctrl+G】组合文本框。

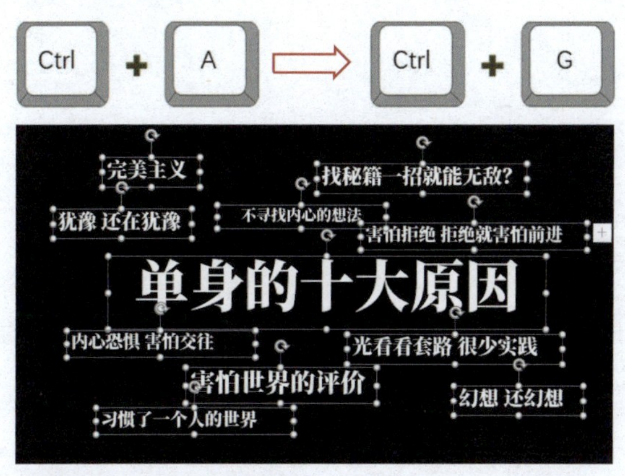

2 按快捷组合键【Ctrl+C】复制组合后的文字，右键单击，在弹出的菜单中选择【粘贴选项】-【粘贴为图片】命令。

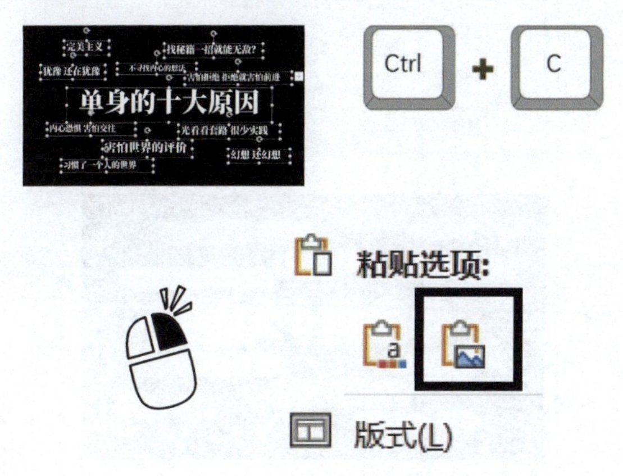

3 选中粘贴后的图片，在【图片格式】选项卡的功能区中单击【艺术效果】图标，在弹出的菜单中选择【虚化】命令，并在菜单下方选择【艺术效果选项】命令。

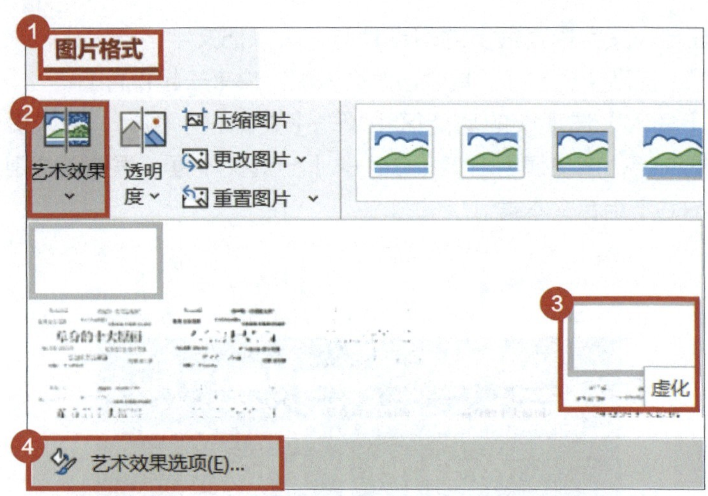

4 在【设置图片格式】窗格中选择【效果】-【艺术效果】命令，将【半径】的数值调整为“30”，得到虚化后的图片。

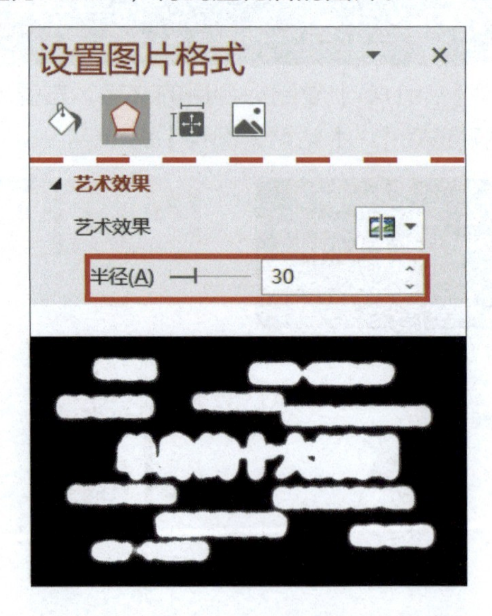

5 选中虚化后的图片，在【图片格式】选项卡的功能区中单击【颜色】图标，在弹出的菜单中选择【重新着色】-【蓝色，个性色｜深色】命令。

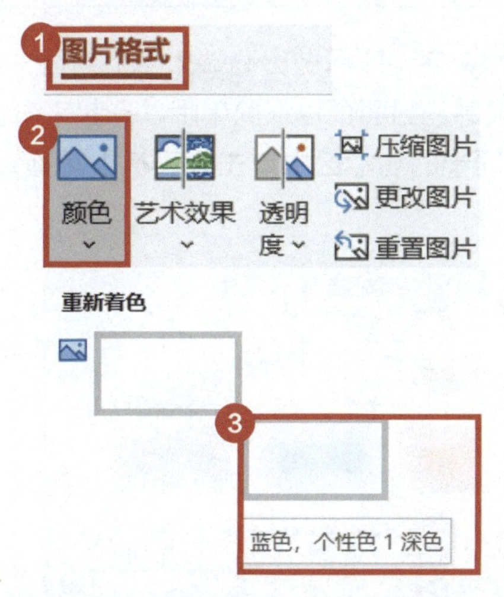

6 把处理后的图片复制到未调整文字的初始页面，调整图片的大小和位置；右键单击图片，在弹出的菜单中选择【置于底层】命令，即可得到最终的文字效果。

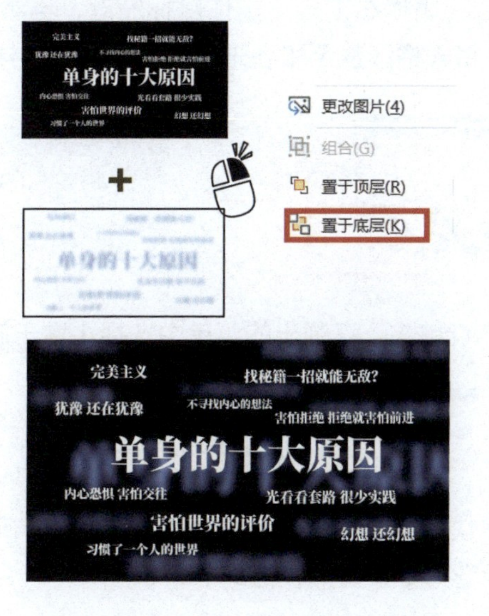

09 如何借助表格做出高端大气的封面?

只有一张图和文字，如何做出高端大气的封面？用好 PPT 自带的表格，想做出高级感的封面页也很简单哦，一起来看看吧！

1 在【插入】选项卡的功能区中单击【表格】图标，选择“5×4”的表格并插入。

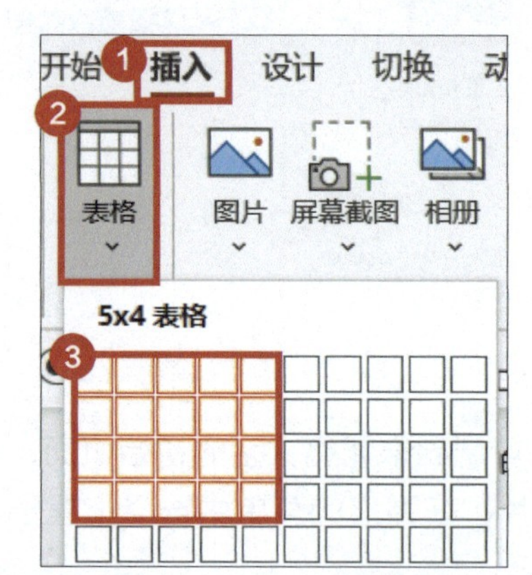

2 将鼠标光标移到表格右下角，按住鼠标左键，当看到十字标志时，往右下角拖曳，将表格调整至和事先选择好的图片一样的大小。

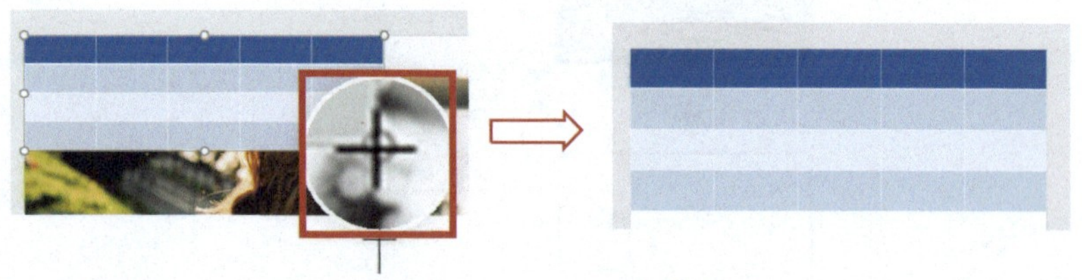

3 选中表格，右键单击，在弹出的菜单中选择【置于底层】命令。

4 选中图片，按快捷组合键【Ctrl+X】剪切，选中整个表格，右键单击，在弹出的菜单中选择【设置形状格式】命令。

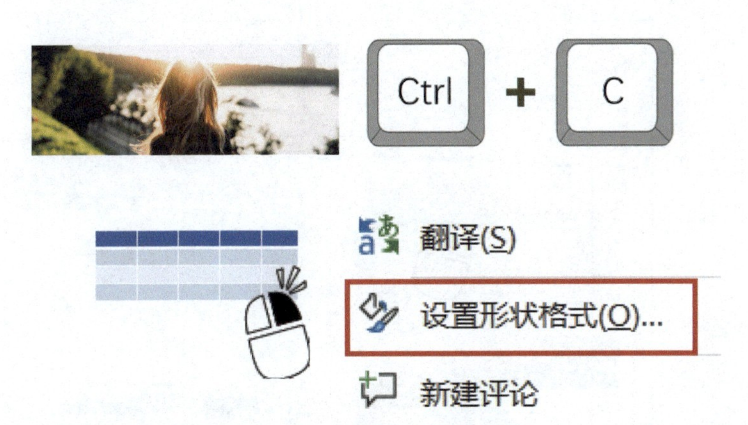

5 在弹出的面板中选择【填充】-【图片或纹理填充】选项，图片源选择【剪贴板】选项，并选择下方的【将图片平铺为纹理】选项，得到填充图片后的表格。

6 将鼠标光标放到其中一个单元格中，在【表设计】选项卡中单击【底纹】图标，将颜色改为“白色”，随机挑选几个单元格进行相同处理。

7 添加文字、线条和形状，一张高端大气的封面就设计完成了。